夏纪军 ◎ 编著

博弈与合作

Game Theory and Cooperation

上海财经大学出版社
SHANGHAI UNIVERSITY OF FINANCE & ECONOMICS PRESS

图书在版编目(CIP)数据

博弈与合作 / 夏纪军编著. -- 上海：上海财经大学出版社, 2025.8. -- ISBN 978-7-5642-4732-4
Ⅰ.0225
中国国家版本馆 CIP 数据核字第 20253N2Z83 号

□ 策划编辑　王永长
□ 责任编辑　吴　腾
□ 封面设计　贺加贝

博弈与合作
夏纪军　编著

上海财经大学出版社出版发行
（上海市中山北一路369号　邮编200083）
网　　址：http://www.sufep.com
电子邮箱：webmaster@sufep.com
全国新华书店经销
上海新文印刷厂有限公司印刷装订
2025年8月第1版　2025年8月第1次印刷

710mm×1000mm　1/16　15.25印张（插页:2）　241千字
定价:58.00元

前　言

"离居不相待则穷,群而无分则争。"(《荀子·富国》)①社会关系中的合作与冲突是硬币的两个面。合作是时代的主旋律,但是我们身处一个百年之大变局的时代,有机遇,也面临更大的挑战。不管是家庭、市场还是国际关系中,都需要我们有足够的策略智慧来化解日益复杂的冲突,促进合作。博弈论是用于分析独立决策个体之间策略性互动的分析方法,能够帮助我们洞悉合作失败背后的逻辑与冲突的根源,更好地探索化解冲突与促进合作的有效路径。

2015年,应上海财经大学通识课程建设需要,我开始在原有的"博弈论与信息经济学"课程基础上为本科生开设通识课程"博弈与社会",旨在培养学生在大变局时代所需要的策略思维素养,并引导学生思考生活中的真问题。开课至今已有10年,在初期的课程建设中借鉴了张维迎老师《博弈与社会讲义》的教学方案与经验。在教学过程中结合自身的研究与实践逐渐形成了一套比较成熟的教学方案,并在此基础上整理成本书,作为学校通识课程配套教材。本书的目的有以下三个:

第一,以通俗语言介绍博弈基本原理,通过一系列博弈问题的思考与讨论提升读者的策略思维素养,更好地理解生活中的各类策略互动,提高互动中的决策效果。

第二,运用博弈论原理理解社会合作失败的逻辑,本书归纳分析了囚徒困境、预期协调、信任问题、代理问题、逆向选择、外部性六类合作失败问题,与读者一起探究走出合作困境的路径。

第三,引导读者思考生活中的真问题,理解中国当代制度的演进逻辑,运用

---

① 李波 译注《荀子》,上海古籍出版社,2016年版,第133页。

博弈论讲好中国故事。为此，本书融合了许多中国当代社会经济改革实践案例分析，从小岗村大包干改革、中国式财政分权、新农村合作医疗、普惠金融、双减政策、碳减排承诺、平台竞争到大国博弈。

在教学过程中，为了更有效地提高课堂参与效果，引入了一批课堂实验，通过这些实验，同学们在互动体验与决策思考基础上更有效地参与课堂讨论。在本书的写作中也将这些课堂实验融合进来，希望读者可以体验对话式阅读的乐趣。

博弈论引入中国的时间不长，但中国悠久的历史中积累了丰富的博弈智慧，这些智慧是博弈论基本原理运用的经典案例，同时也可以为我们解决当前诸多问题提供启发。所以，本书在正文以及案例讨论中融入了大量相关的传统文化典故，读者可以综合运用博弈论方法来理解和感悟传统博弈智慧。

本书是"博弈与社会"通识课程的配套教材，课程主要面向大一、大二各专业的本科同学，所以在教学以及本书的写作中，对数学知识的要求控制在高中数学水平，尽可能避免使用过多的数学符号，用通俗的语言讲明白各类博弈原理。本书博弈论概念的介绍仅限于纳什均衡和子博弈完美纳什均衡，而相对复杂的不完全信息下贝叶斯纳什均衡、序贯均衡等概念本书没有讨论，更多地是通过案例来讲解逆向选择、信号传递等原理。这提高了本书的可读性，但也牺牲了一定的表述严密性，这一点还请读者理解。

本书在 2019 年就立项，能够在 6 年后顺利出版，离不开同事与编辑部的支持与鼓励，在此表示感谢。同时也感谢家人的支持，使得我能够在 2024 暑假集中精力完成书稿。在本书初稿的使用中，2025 春季班的同学对本书的改进提出了很多建议，尤其感谢助教宋安安、曹铭权、刚懿等同学。第一次写完整的教材，是一次全新的创作体验，书中可能存在表述不到位的地方，还请读者批评指正，谢谢！

夏纪军
2025 年 4 月 16 日

目 录

第1章 策略思维 ··· 001
1.1 投票博弈 ··· 002
1.2 策略思维 ··· 005
1.3 理性选择 ··· 011
1.4 不确定下的选择 ·· 019
1.5 期望效用理论 ·· 025
1.6 展望理论 ··· 029
本章要点 ·· 032
案例思考 ·· 032

第2章 囚徒困境 ··· 035
2.1 成绩博弈 ··· 036
2.2 理性与策略选择 ·· 040
2.3 囚徒困境：一般形式 ·· 044
2.4 如何走出囚徒困境 ··· 047
本章要点 ·· 050
案例思考 ·· 051

第3章 协调与合作 ··· 053
3.1 投资博弈 ··· 053
3.2 标准竞争 ··· 057

3.3 猜硬币博弈：混合策略 ··· 058
3.4 鹰鸽博弈：演化稳定均衡 ··· 061
3.5 狩猎博弈：信任与合作 ··· 064
本章要点 ··· 066
案例思考 ··· 066

第 4 章　可信性与策略行动 ··· 068
4.1 可信性问题 ·· 069
4.2 自我约束：减少自己的行动自由 ································· 082
4.3 自我激励：改变你的支付 ··· 085
4.4 大国和平战略：以充分的战备阻止战争的发生 ··············· 089
本章要点 ··· 090
案例思考 ··· 090

第 5 章　长期关系与合作 ··· 093
5.1 长期关系：重复博弈 ··· 093
5.2 期末效应：有限重复博弈 ··· 096
5.3 耐心与合作激励 ·· 099
5.4 关系长期化：组织与文化 ··· 102
5.5 社会网络与集体执行 ·· 104
本章要点 ··· 105
案例思考 ··· 105

第 6 章　公平与谈判 ··· 108
6.1 分饼博弈 ··· 108
6.2 最后通牒博弈 ··· 112
6.3 讨价还价：耐心与分配 ·· 116

	6.4 国际分工与大国博弈	120
	本章要点	125
	案例思考	125

第 7 章 搭便车与社会规范 … 127

	7.1 搭便车问题	128
	7.2 智猪博弈	132
	7.3 互利偏好与供给品自愿供给	134
	7.4 社会转型与助人为乐精神	137
	本章要点	140
	案例思考	141

第 8 章 代理问题与激励 … 143

	8.1 代理问题：从小岗村大包干改革谈起	143
	8.2 监督：大棒加胡萝卜	145
	8.3 绩效薪酬	148
	8.4 多任务委托与国有企业改革	155
	8.5 中国式分权与地区竞争	159
	本章要点	160
	案例思考	161

第 9 章 逆向选择 … 164

	9.1 隐藏信息与逆向选择	164
	9.2 小微企业融资困难与普惠金融	169
	9.3 逆向选择的解决方法	173
	本章要点	175
	案例思考	175

第 10 章 信号传递 179

- 10.1 学位教育与信号传递 179
- 10.2 广告与品牌 183
- 10.3 钻石价格之谜 186
- 本章要点 188
- 案例思考 188

第 11 章 机制设计与拍卖 190

- 11.1 机制设计：如何让人说真话 190
- 11.2 市场与效率 191
- 11.3 差别定价 200
- 11.4 拍卖 204
- 11.5 甄别真假母亲 212
- 本章要点 215
- 案例思考 215

第 12 章 公共地悲剧与社会责任 217

- 12.1 公共地悲剧 217
- 12.2 市场与政府：环境规制机制设计 224
- 12.3 社会与市场：市场竞争会侵蚀企业社会责任吗？ 228
- 本章要点 234
- 案例思考 234

参考文献 236

第 1 章

策略思维

明代戏曲家李潜夫《灰阑记》中记录了一则关于包公断真假母亲案的故事①。在这个故事中,两个妇女都声称自己是孩子的亲生母亲,但谁也无法证明自己是真母亲。官司打到了县衙包拯那里。包拯听了心生一计。他让人在地上画一个圈,把孩子放在圈中,让两个妇女一人一只手拉住孩子,告诉两个妇女,谁把孩子拉到圈外,这个孩子就判给谁。其中一个妇女担心孩子会被拉受伤,舍不得拉,而另一个妇女不计后果使劲拉,成功把孩子拉出圈。包拯看到结果后,宣布:把孩子拉出圈的妇女是假母亲,舍不得拉的妇女是真母亲。

如果你是那位"假母亲",你会怎么选择?《灰阑记》中的那位假母亲,她的选择很简单,根据县令的规则,要赢得孩子就要使劲拉。但是,她忽略了一点:县令本人是博弈的一部分,他是规则的制定者,又是博弈的参与者,假母亲没有考虑包公的目标是什么,他可能采取的行动是什么,包公会对自己的行动做出怎样的反应,预期到可能的反应,自己最优的选择是什么?如果她能够多想一层,那么,她就发现"模仿真母亲"就是她的最优选择,这就是策略思维。如果假母亲是一个经验丰富的策略互动者,那么,包公又该如何设计一个机制将假母亲识别出来?这将是本书的一个重要主题,如何运用策略思维的方法来实现资

---

① 在《圣经·旧约》中的《列王纪上》中也有一个类似的真假母亲案。故事中两个妇女争抢孩子的官司到了所罗门国王那里,国王听了后,吩咐拿大刀过来,要把孩子一劈两半,两个妇女一人一半。其中一位妇女马上哭喊着不要劈孩子,说自己不要了。而另一位妇女则支持国王的决定。所罗门国王根据两位妇女的反应,判定孩子归求他不要劈孩子的那位妇女。

源的有效配置,化解冲突,促进合作。

1.1 投票博弈

1.1.1 集体决策问题

我们通过一个委员会的投票博弈来进一步说明策略思维与纯个人决策之间的差异。这是一个由甲、乙、丙三个委员组成的委员会,需要在 A、B、C 三个候选项目中做出一个选择。表 1.1 给出了每个委员对三个项目的偏好排序。委员甲最喜欢 A 项目,最不喜欢 C 项目,B 项目排在中间;委员乙最喜欢 B 项目,最不喜欢 A 项目;委员丙最喜欢 C 项目,最不喜欢 B 项目。三个委员偏好差异或意见分歧比较大,如果采用多数投票原则,把三个项目让委员会投票,那么每个项目都可以得到一票,没法做出一个集体决策。

表 1.1　　　　　　　　　　　委员对项目的偏好排序

	委员 甲	委员 乙	委员 丙
项目 A	1	3	2
项目 B	2	1	3
项目 C	3	2	1

1.1.2 二元投票博弈

我们如何来解决这个集体决策问题?在生活中有很多解决方案,比如抽签等,现在我们考虑一个二元投票规则。既然三个项目放在一起很容易出现同票,那么让它们两两投票表决。类似于体育比赛中的淘汰赛,两两比赛,胜者进入下一轮,直到最后决赛决定最后的冠军。在上述集体决策问题中有三个选项,二元投票机制下,要选择其中一个项目作为种子项目,直接进入第二轮,另外两个项目第一轮进行表决,胜出的项目进入第二轮与种子项目进行投票表决,第二轮的胜者成为最终的集体选择。

根据种子项目的不同,可以设计三种投票程序,分别是把 A、B 或 C 项目作为种子项目,我们分别表示为程序 A、程序 B 和程序 C。投票程序的选择是否会影响投票结果?如果你是委员甲,你拥有投票程序选择权,你会选择哪个项目作为种子项目?

"A 项目",这是我们很自然会想到的一个答案,就如在许多比赛中,种子项目直接进入下一轮看上去有一定的优势。下面我们通过课堂实验来检验我们的猜想。

【课堂实验】委员会投票

现在 A 作为种子项目,第 1 轮 B 与 C 之间投票,第 2 轮由第一轮胜出的项目与 A 进行投票。班上同学分为三组,分别代表委员甲、乙、丙来进行投票。

第一轮:B 与 C 投票,请每个同学根据自己所代表的委员利益投票,获得 2 票或以上票数胜出;

第二轮:第一轮胜者与 A 投票,每个同学根据自己所代表的委员利益投票,同样获得 2 或以上票数即获胜,成为集体的最终选择。

根据历次课堂实验结果,在第 1 轮 B 和 C 的投票中,最常见的结果是:甲和乙投 B 的票,丙投 C 的票,从而 B 胜出;然后第二轮 A 和 B 的投票中,甲和丙投 A 的票,乙投 B 的票,最终种子项目 A 胜出。这一结果与委员甲当初选择种子项目时预想一致。

显然,这一结果是委员乙是最不喜欢的结果。如果站在乙的立场上,你是否可以给他一些建议,让最终投票结果变得更有利于乙?

1.1.3 集体偏好

在给出建议前,我们先来分析 A、B、C 三个项目在两两投票中委员会的选择。如果决策者的选择反映了决策者对选项的偏好关系,那么,委员会在两两比较中的选择也反映了委员会的集体偏好。

- 如果只有 A 和 B 两个项目竞争,那么,甲和丙选择 A,所以 A 胜出。这反映委员会集体偏好中 A 比 B 好[①]。

---

① 严格来讲,这里应该定义弱偏好关系,为了表述简便,为了直接定义为强偏好关系。

- 如果只有 B 和 C 两个项目竞争，那么，甲和乙选择 B，所以 B 胜出；反映委员会集体偏好中 B 比 C 好。

- 如果只有 A 和 C 两个项目竞争，那么，乙和丙选择 C，所以 C 胜出；反映委员会集体偏好中 C 比 A 好。

由此，我们委员的集体偏好关系：A 比 B 好，B 比 C 好，而 C 则比 A 好，构成了一个循环。与此相对比，我们个人偏好关系中，一般而言，如果对于一个决策者来讲 X 比 Y 好，Y 比 Z 好，我们自然可以推断 X 比 Z 好，经济学中称这种性质为偏好关系的传递性。一个合理的个人偏好关系不会出现循环，一旦出现循环，最优化决策就会出现困难。

1.1.4 策略性投票

现在，我们来看当 A 作为种子项目时，乙怎么调整自己的投票策略来提高自己的收益。在前面课堂实验结果中，乙在第一轮 A 和 B 投票中投了 B 的票，使得 B 在第一轮胜出，但是第二轮败给了 A。这里乙就是根据自己对两个项目的偏好来进行投票，没有意识到第一轮的结果并不是最终的结果，第二轮的结果才是最终的结果。两轮投票是一个整体，第一轮投票会影响第二轮的投票结果，所以，要根据对第二轮结果的预期来优化自己第一轮的选择。在 A 作为种子项目的规则下，第二轮只有两种可能的结果：

结果一：A 和 B 投票，则 A 胜出。

结果二：A 和 C 投票，则 C 胜出。

根据对第二轮可能结果的预期，乙最喜欢的 B 已经没有胜出的可能性，所以，乙只能退而求其次，支持次有选项 C 胜出。要确保第二轮 C 胜出，那么第一轮就要 C 胜出。所以，在第一轮投票中，委员乙不是投自己最喜欢的票，而是投 C 的票。这样乙和丙在第一轮都投 C 的票，第一轮 C 胜出，第二轮 C 能够击败 A，成为最终的集体选择。

这里，我们可以看到博弈中的策略性投票与非策略性投票之间的差异。在课堂实验中，委员乙在 B 与 C 的投票中，根据自己的喜好，直接选了 B，这是典型的个人选择逻辑，即在可行选择集中选择一个自己最喜欢的选项。但第一轮仅仅是整个博弈的一部分，需要放在完整的博弈中来审视某一局部决策的选择。从整个博弈来看，乙发现自己最喜欢的 B 无法胜出，所以退而求其次，支持自己的次优选项 C 胜出。此时，乙的决策就是一种策略思维。

【练习 1.1】
(1) 如果 B 是种子项目，每个委员都会进行策略性投票，你预期哪个项目会胜出？
(2) 如果你是委员乙，你会建议哪个项目作为种子项目？

【拓展思考】
当 A 项目是种子项目时，乙的策略性投票行为使得最终 C 项目胜出，该结果是甲最不喜欢的。你认为此时，甲可以采取什么行动能够让自己的福利得到改进？

1.2 策略思维

我们可以将投票博弈中不同于单纯决策的策略思维概括为三个要点。

1.2.1 全局意识

要求参与者把握全局，从全局看局部问题。把握全局，不要把局部看作是单个博弈，比如投票博弈中，第一轮投票仅仅是整个博弈的一部分，需要把第一轮投票决策放在整个两轮的博弈中去思考；把握全局也意味着要把握博弈中关键的参与者是哪些。比如在真假母亲案中，县令本人就是关键的参与者，假母亲将他忽略，导致自己选择的失误。所以，一个人心中"格局"的大小，决定了其行动，也就决定着最终的结局。

1.2.2 换位思考

在博弈中你的最终所得不仅取决于你的行动，而且依赖于别人选择的行动。对你而言最优的行动往往取决于别人选择了什么行动，所以，需要基于对他人行动的预期或判断来优化自己的选择。对他人行为的预期则需要我们站在对方的立场上思考对方会怎么选择，即换位思考。这要求我们了解对方的目标是什么、能够做些什么以及知道什么。在生活中，我们容易出现的问题是将自己的偏好、信息等代入进去，以为自己知道的对方也知道，甚至出现对方"应该"怎么行动。这个问题在家长与孩子的互动中最为常见，家长很容易忽视孩子的偏好、能力与信息约束，从自己的视角出发认为孩子应该怎么做，导致家长期望与孩子选择之间出现偏差和矛盾。换位思考背后是对他人的尊重，把对方作为平等的博弈参与者来看待，从对方的"所好、所知、所能"来预期和理解对方的行动。

1.2.3 逆向推理，三思而后行

一个博弈往往由多个阶段组成，就如投票博弈由两轮投票组成。比如投票博弈由两轮投票组成，需要投票者从第二轮投票结果来逆向推理第一轮中的最优选择。下棋则最为直观，教练在教棋时常常提醒学员"往前多看几步，然后再决定当下选择哪步棋"。逆向推理就是"往前看，向后推"，根据自己的行动对未来的影响，推理自己当下应该做什么选择。

这三点说起来简单，但是要融入到我们日常决策中不容易，使这种策略思维成为我们的思维习惯就是我们个人的策略素养。这种策略素养要求我们有大局观，会进行换位思考，并通过逆向推理优化自己的选择。

钱包交换博弈

【课堂实验】钱包交换

规则：两个同学，每人拿到一个信封。信封中装有一笔钱，可能的金额为5元、10元、20元、40元、80元或160元。两个信封中一个信封中的金额刚好是另一个信封的一半或一倍。每个同学看到自己信封中的金额后可以选择："交换"或"不交换"，如果两个同学都选择交换，那么双方交换信封，否则不交换。

【思考题】如果我发现自己信封中的钱是 20 元,请问我是否选择"交换"?

(1)常见的推理误区

当发现信封里是 20 元,那么可以推断对方信封中的钱要么是 10 元,要么是 40 元,而且概率都是 50%。很常见的一种推理是:如果交换信封,期望回报等于(10+40)/2=25 元,大于 20 元。因为涉及金额较小,这里的风险因素可以暂时忽略,所以,交换信封看起来能够提高期望收益。通过同样的推理,对方也想交换信封,无论他打开信封发现里面装的是 10 元(他估计我要么得到 5 元,要么 20 元,平均值为 12.5)还是 40 元(他估计我的要么是 20 元,要么是 80 元,平均值为 50 元)。

这里似乎双方都觉得通过交换能够获得更高的收益,用来"分配"的钱不会因为交换一下子就变多了,肯定有一方受损。显然,上述推理过程出了错误,陷入了误区。

(2)策略性推理

上述推理中,自己信封中是 20 元的时候,如果交换得到的期望值有 25 元,这个推理结论的前提是对方不管是 10 元还是 40 元都会选择交换。但是这可能是一厢情愿的想法,忽视了这是一个博弈,能交换到什么样的钱包还取决于对方是否愿意换。如果对方是 40 元,他会选择交换吗?

站在对方的立场来看,如果是 40 元,他会推断"我"手中是 20 元或 80 元。此时,他要决定是否交换,就要换位思考,去想想 80 元的"我"是否会交换?如果"我"手中是 80 元,那么"我"就要想对方如果是 160 元,会交换吗?

我们站在 160 元的立场上来思考,他会推断对方手中的信封肯定是 80 元的,如果交换,只能交换到 80 元,所以,160 元的人肯定不会交换。如果预期 160 元的不会交换,那么,80 元的人还会交换吗?如果他交换成功,只能交换到 40 元,所以,80 元的人也应该选择不交换。如果预期 80 元的人不会交换,类似的逻辑,我们可以推断 40 元的人也会选择不交换。

既然 40 元的人不会选择交换,那么,我选择交换手中的"20 元",如果交换成功,只能是 10 元,所以,我不应该选择交换!同样的道理,持有 10 元的人也不应该选择交换,唯一应该选择交换的是持有 5 元的人,他已经不可能再少,如果交换成功,那么肯定变好了。

上述推理中我们反复运用了换位思考,然后从 160 元开始逆向推理,最终得到"不交换"结论。这个推理过程中,尽管 80 元和 160 元的持有人不是我的直接博弈对象,但是他们作为博弈潜在的参与者,影响着 40 元持有人的选择,进而影响我的选择。所以,在博弈决策中需要把他们作为全局的一部分考虑进来。

1.2.4　共同知识

(1)共同知识

在上述推理中,我们对参与者的理性做了很强的假设:不仅要求所有参与者是理性的,比如 20 元持有人是理性的,而且要求:

● 他知道"160 的人是理性的",所以推断 160 的人不会交换;

● 他知道"80 的人是理性的,而且知道 80 的人知道 160 的人是理性的",所以他可以推断 80 的人不会交换;

● 他知道"40 的人是理性的,而且知道'40 的人知道 80 的人是理性的,40 的人知道 80 的人知道 160 的人是理性的'";所以,他推断 40 的人不会交换。

实际上,我们要假设:所有人都是理性的,所有人知道所有人都是理性的,所有人都知道所有人都知道所有人是理性的,……。我们称满足这个条件的信息为"共同知识"。

共同知识定义看上去有点复杂,但是,有了这个概念,我们比较容易界定"私人信息",我们来看一个例子。

【概念】共同知识

知识 M 是一个博弈的共同知识,如果:

• 博弈的所有参与者都知道 M;

• 所有的参与者都知道"所有参与者都知道 M";

• 所有的参与者都知道"所有参与者都知道'所有参与者都知道 M'";

……

(2)家长聊天室

假设有三位理性的母亲 A、B、C 和三位她们对应的孩子 a、b、c。每天晚上她们会在聊天室同时表扬或哭诉自己的孩子。如果母亲认为自己的孩子表现好,她就会喜形于色,表扬孩子;如果母亲知道自己的孩子表现不好,她就会哭诉。一个孩子如果表现不好,都会让除了自己母亲以外的其他母亲知道,母亲之间不会讨论别家孩子表现好坏,所有母亲都知道这个模式。每个晚上,每位母亲表扬或哭诉完自己孩子后就离开聊天室。

实际上,三个孩子的表现都不好,根据规则,每个母亲都知道其他两个孩子表现不好,但唯独不知道自己家的孩子表现不好。这里,"母亲 A 知道 b 和 c 表现不好"是母亲 A 的私人信息,母亲 B 不知道"母亲 A 知道两个孩子表现不好",类似的,"母亲 B 知道 a 和 c 表现不好"是母亲 B 的私人信息,"母亲 C 知道 a 和 b 表现不好"是母亲 C 的私人信息。

所以,我们看到一个有趣的现象:每个孩子表现都不好,但是他们的母亲每天聊天时都表扬自己的孩子。

家长会:班主任带来的共同知识

开家长会时,班主任对三位母亲说"a、b 和 c 中至少有一个表现不好",但是没具体说哪个孩子表现不好。这里,我们假设"a、b 和 c 中至少有一个表现不好"是三个母亲的共同知识,每个母亲都听到了老师的话,每个母亲都知道每个母亲都听到了老师的话……。那么,开完家长会后,三个母亲聊天时的行为是否会发生变化?

事实上,每个母亲都知道有两个孩子表现不好,所以,当他们听班主任说"至少有一个孩子表现不好"时,肯定不会吃惊,心里在想"我早就知道这个"。那么,随后呢?

家长会后第一天:继续表扬自己的孩子——预料之中!

因为每个母亲事先都知道有两个孩子表现不好,所以,她们听到班主任的话后都不会吃惊,所以,会后第一天还会继续表扬自己的孩子。那么,当母亲 A 看到母亲 B 和 C 也在表扬自己孩子时,会不会感到吃惊呢?或者说能否给母亲 A 提供新的信息?

"不会"!母亲 A 知道 b 和 c 表现不好,根据规则,她知道"母亲 B 知道 c 表现不好"以及"母亲 C 知道 b 表现不好"。所以，母亲 A 预料母亲 B 和 C 在第一天会表扬孩子。

母亲 B 和 C 也类似，她们各自都知道有两个孩子表现不好，同样不会对其他母亲的表扬感到吃惊。所以，表扬完自己孩子后就开开心心地离开聊天室。

离开聊天室，每个母亲一方面为自己孩子高兴，另一方面，也会对第二天其他母亲的行为进行预测。母亲 A 自己知道 b 和 c 表现不好，而且认为"母亲 B 只知道 c 表现不好，母亲 C 只知道 b 表现不好"。所以，在母亲 A 看来：母亲 B 认为母亲 C 什么都不知道；母亲 C 认为母亲 B 什么都不知道。所以，她认为母亲 B 看到母亲 C 的表扬会感到吃惊。因为如果母亲 C 提前什么都不知道，那么第一天就应该哭了，她在表扬孩子，说明她至少知道 1 个，而那一个肯定是自己的孩子 b，如果是孩子 a，她早就知道了。注意，这是母亲 B 只知道 c 表现不好的时候应该有的反应。所以，母亲 A 预测，第二天的时候，B 和 C 都得哭了，自己感觉很不错。当然，另外两个母亲心里估计也是这么想的。

但事实上，因为每个母亲事先都知道有两个，对其他母亲的表扬都不会感到意外。所以，第一天退出聊天室后，每个母亲都挺开心，而且都预期其他两位母亲都将哭诉。

家长会后第二天：继续表扬自己的孩子——震惊！！！

第二天三个母亲带着自己的猜测开心地来聊天，三个母亲因为都没有证据证明自己的孩子表现不好，所以继续表扬自己的孩子。大家想象一下，当母亲 A 看到母亲 B 第二天继续表扬自己的孩子肯定傻眼了！！！与他们的预期不符合，这只能说明母亲 B 和 C 跟她自己一样，事前都知道有两个孩子表现不好，这就意味着自己的孩子表现不好！别的母亲都知道，就自己蒙在鼓里。所以，看到其他母亲第二天继续表扬孩子，每个母亲心里就不好受了，心情沉重地回家。

家长会后第三天：三个母亲同时哭了！！！

第三天，三个母亲进入聊天室后，我们就看到她们齐声哭诉自己的孩子！！！

对比家长会前后的情形，在家长会前，之所以能够持续表扬孩子，是因为"知道两个孩子表现不好"是每个母亲的私人信息，每个母亲无法从对方的表扬中推断对方知道自己的孩子的表现。但是，加入一个共同知识"至少有一个孩子表现不好"时，结合自己的私人信息，就可以从对方的行为中推断新的信息。

所以，正是这个小小的共同知识改变了聊天室的走势。

【练习 1.2】

如果参加聊天的是全班 40 个母亲，假设每个孩子表现都不好。每个母亲知道有 39 个孩子表现不好，但唯独没有证据说明自己的孩子表现不好。所以，每天的聊天时都是表扬自己的孩子。当班主任在家长会上宣布"至少有一个孩子表现不好"时，接下来的聊天会发生什么变化？

(3) 完全信息与不完全信息

从上述例子，我们可以看到博弈中的信息结构非常重要，现实中的信息结构可能非常复杂，比如，我知道你喜欢吃苹果，但是我不知道你是否知道"我知道你喜欢吃苹果"。为简化讨论，本书所讨论的博弈一般假设：

①博弈规则是共同知识，即谁参与博弈、每个参与者可以做什么、每个参与者知道什么；

②参与者理性是共同知识。

关于"参与者偏好"，如果一个博弈中"参与者偏好是所有参与者的共同知识"，那么这个博弈被称作一个完全信息博弈；如果有部分参与者的偏好是私人信息，有些参与者不知道这些信息，那么，我们称这类博弈为不完全信息博弈。比如，企业竞争问题中，企业不知道对手的成本；在健康险市场，保险公司不知道投保人身体健康情况；在二手车市场，购车者不知道车的质量等。我们随后的讨论将先从完全信息博弈开始分析，然后再讨论私人信息对博弈的影响。

1.3 理性选择

我们在前面反复提到参与者"理性"，在现实语境中"理性"往往是行为或决策"合理性"的前置条件，我们经常可以听到"某某的行为是不理性的"，并由此予以否定，我们也经常劝说别人要理性决策。那么，什么样的行为算理性？理性选择哪些一般性的特征帮助我们更好地进行决策，或者预测他人的选择？

1.3.1 理性选择问题

现在我们考虑一个黄酒企业的决策问题,假设一瓶黄酒的生产成本是 4 元,如果直接上市,售价为 6 元。黄酒储存年份越久,价格越高,现在企业要决定这瓶黄酒什么时候上市,或者说应该储存多少年?

考虑这个问题时,我们首先要明确的是企业的目标是什么,然后才是实现这个目标,企业应该怎么做。显然,我们不失一般性,可以设定企业的目标是追求利润最大化。企业的利润等于收益减去成本。所以,要回答黄酒的最佳储存年份,我们需要明确储存年份与收益或成本之间的关系。

(1) 储存年份与收益

储存年份与收益的关系相对比较复杂,为了聚焦理性选择行为本身,我们假设多储存一年销售价格可以提高 2 元(这里我们不去考虑市场需求与竞争问题)。所以储存了 N 年的黄酒市场价格为:

$$P(N)=6+2N \tag{1.1}$$

(2) 储存年份与成本

对于黄酒储存年份的决策,企业需要考虑哪些成本?

①生产成本。这似乎是我们最容易想到的一种成本,我们假设一批黄酒的生产成本为 4 元。不过生产成本与黄酒的储存年份没有关系,不管哪一年出售,或以什么价格出售,生产成本都不会变化。我们称这个成本为沉没成本。比如你上学交的学费,不管你是否来听课,学校不会因为你听的课次数多而多收,也不会因为你没听课而退费;类似的你买了健身房年卡,不管你去健身房多少次,这笔费用花去了,就与你去的次数没有直接关系了。

> 【概念】沉没成本
> 沉没成本是指以往发生的、但与当前决策无关的费用。

②储存成本。我们假设每年的储存成本为 1 元/瓶,储存 N 年的储存总成本为 N 元。

如果只考虑上述两种直接成本,那么我们会发现,储存年份越久企业的利润越高,似乎不上市最好,显然我们遗漏了一些重要的成本。

当企业选择继续储存黄酒时,而且多储存一年价格会涨 2 元,相当于企业持有了一种资产,或者说企业将一笔 P(N) 单位的资金投在了黄酒这种资产上。从投资的角度看,市场上企业可以有多种投资机会,抛开风险性资产,企业可以将这笔钱存在银行获得一个无风险年度回报 5%。所以,企业选择继续储存黄酒,实际上就放弃了其他投资机会带来的收益。我们把一笔资源用于其他用途(机会)可以获得的最大价值称为使用该资源的机会成本。比如,你到教室上课的成本是什么,你的学费是其中一部分,但显然最影响你是否来上这次的成本是你用于上课时间的机会成本,你用这个时间可以用于其他用途,不管是工作、自习还是打游戏,你觉得其他用途上最大的价值就是来上课的时间机会成本。

> **【概念】机会成本**
> 机会成本是指把一定的经济资源投入到某一用途时放弃的另一些机会上最大的收益。

③资金成本。这是企业将资金投放在黄酒上所产生的机会成本,储存的年份越久,黄酒价值越高,机会成本也越高,我们用银行存款利息收益来表示资金成本。

(3)利润最大化问题

黄酒的市场价格函数(1.1)以及生产成本、储存成本和资金成本反映了企业在追求利润最大化时所面临的各种约束条件:

- 市场需求
- 生产技术
- 储存技术
- 资本市场

企业在这些约束下追求利润最大化,这是理性选择的一个典型例子。理性选择更一般地可以表述为:

理性选择:决策者在约束条件下选择最优行动以最大化自己的目标。

决策者可以是个人,也可以是企业或政府。在运用理性选择框架分析决策主体行为时,我们需要理清决策的目标以及面临的约束条件。

比如,消费者的消费决策。我们首先要明确他的偏好关系,然后要了解他的约束条件,最常见的就是预算约束,他有多少预算可用于消费支出;另外也要考虑他能够买到的商品,在一个荒漠里的消费决策与在一个城市商场中的消费决策肯定是有差别的,这是由于可选择的商品不一样。

1.3.2 边际分析

我们在理清了储存黄酒的收益和成本后,就可以分析企业的最优储存年份。如果我们能够准确表示企业的利润函数,那么找该函数的最大值就可以了。不过,这种方法要求能够写出利润函数,需要影响企业利润的完整信息。遗憾的是,许多时候我们并不掌握关于最优化决策的完整信息,而是只能根据局部信息来进行优化决策。就如一个盲人爬山,他要沿着一条上山的路爬到山顶。他看不到山的全貌,无法通过观察来判断自己是否在山顶,他如何判断自己站在山顶上了?

他的检验方法很简单,就是感受一下自己向前迈一步是上坡还是下坡,如果向前迈出一小步是上坡,那么,走出这一步,自己所处的高度上升了,离山顶近了一步,那么就迈出这一步。如果感觉是下坡,那么这一步就不能走,而是要往反方向走了。

这里"向前迈一小步",就是指微小的改变自己的决策变量,从一般意义上讲就是"边际变化",如果这一边际变化使得自己的目标值变大,那么就应该朝这个方向调整;反之,应该反方向调整。如果到了某一个点,这种微小的变化对目标值没有影响了,那么就达到了一个局部的最大值点。如果这座山只有一个山峰,那么这个局部的最高点也就是整座山的最高峰。

在生活中,其实很多时候我们形同"盲人",我们不知道全局信息,只知道局部信息。盲人爬山法告诉我们如何运用局部信息来做出全部最优选择。即运用边际分析方法,从微小的改变获得局部信息,以此来优化自己的选择。

(1)最佳储存年份:边际收益=边际成本

在黄酒储存年份问题中,我们可能一下子写不出完整的利润函数,但是,我们可以很快整理出"微小地改变储存年份"对企业利润的影响。这里"微小的改变"也就是"多储存一年"。我们定义多储存一年对企业利润的影响为边际利润。

边际利润：多储存一年对企业利润的影响。

企业利润为收益和成本之差，所以，我们把"多储存一年"对利润的影响分解为对收益和成本的影响。我们定义：

边际收益(MR)：多储存一年对企业收益的影响；

边际成本(MC)：多储存一年对企业成本的影响。

根据我们前面的讨论，多储存一年黄酒价格可以提高2元，所以，

$$\text{边际收益 MR} = 2 \text{元} \tag{1.2}$$

多储存一年对成本的影响主要是两块，首先是1年的储存成本1元；其次，多储存一年，因为要放弃这一年的利息收益，所以产生相应的资金成本 $0.05 * P_N$，所以，

$$\text{边际成本 MC} = 1 + 0.05 \times P(N) \tag{1.3}$$

这里，我们注意到生产成本会影响企业利润水平，但是因为跟储存年份无关，所以不影响边际成本，也就与最优储存年份的决策无关。所以，关于理性选择，我们得到第一条决策原理：沉没成本在最优储存年份的决策中可以忽略掉。

基本原理：沉没成本一旦发生，事后的理性决策中应该忽略掉。

给定(1.2)和(1.3)式的边际收益与边际成本，当边际收益大于边际成本时，多储存一年能够增加企业的利润，所以应该继续储存；反之，则应该减少储存年份。所以，当 MR＝MC 时达到利润最大化点。由此，我们得到最佳储存年份黄酒的价格：

$$P(N^*) = 20 \text{元}$$

根据黄酒价格决定公式(1.1)，我们马上可以得到黄酒最优储存年份为：

$$N^* = 7 \text{年}$$

通过这个例子，我们的重点不在于探究黄酒应该储存7年还是8年，而是把握理性决策的基本原理：边际权衡。

边际原理：理性决策者权衡决策的边际收益与边际成本，当两者相等时达到最优选择状态。

边际权衡是经济学的一个重要原理，这一原理意味着当多储存一年的边际成本或者边际收益变化时，最优的储存年份也将随之变化。比如，当储存成本从1元上升到1.5元时，我们自然可以预测，最优储存年份将降低，具体而言将

从 7 年减少到 2 年。

推理 1:理性决策者会对边际的变化做出反应。

(2)专利费支付方式与企业的产量决策

现在考虑一家企业生产一种产品需要用到另一家企业的某个专利技术,需要支付相应的专利费。常用的有两种支付方式:

方式一:每年支付一笔 1000 万元专利费,与使用该技术生产的产品数量无关;

方式二:每单位产品支付 10 元,最终按使用该技术生产的产品数量确定专利费总额;

两种支付方式下,企业的产量决策是否会有差别?直觉告诉我们应该有差异,那么哪种方式下企业产量会更高?

在第一种支付方式下,专利费支付金额很高,但是不影响企业生产决策的边际成本。所以,给定企业会使用该技术生产,那么这笔费用尽管会影响企业总利润水平,但不会影响产量决策。

在第二种支付方式下,企业多生产一单位产品,就要多支付 10 元,所以企业产品生产的边际成本提高了 10 元,给定其他条件都不变,那么边际成本上升就会导致企业减少产量。

产品多生产多支付,少生产少支付意味着不影响决策边际收益或边际成本的支出或收益,尽管金额很大,也不会影响最优选择。

理性决策者边际权衡提供了一个改变他人行为的一种思路,即改变对方决策中的边际收益或边际成本,引导对方按自己利益的方向行动。

推理 2:我们可以通过改变对方行动的边际收益或边际成本来影响对方的行为。

无论是校园中参加各种校园活动二课学分奖励、生产线上的计件工资率、销售员的销售提成比例,还是公司高管的股权激励,无一不是通过调整我们努力的边际收益来激励我们多"努力",具体我们将在第 8 章详细讨论。同样,想改变自己未来的行动,尤其是要别人相信自己关于未来行动的承诺,一个比较可行的办法就是改变自己未来决策的边际收益或边际成本。我们将在第 1.3.3 节"健身卡案例"以及第 4 章中做相应的讨论。

1.3.3 理性与社会性偏好

日常生活中,"理性"往往被理解为对自身利益的计算,与"自利"划上等号。但我们生活中可以观察许多非自利的行为,比如:

- (豫让)"士为知己者死,女为悦己者容。"[①]
- "慈母手中线,游子身上衣。临行密密缝,意恐迟迟归。"[②]
- "孟子曰:'一箪食,一豆羹,得之则生,弗得则死。呼尔而与之,行道之人弗受;蹴尔而与之,乞人不屑也。'"[③]
- 在一个收益分配谈判中,你宁可谈判破裂得不到什么,也要拒绝你认为很不公平的提议,表现出"宁为玉碎不瓦全"的行为倾向;
- 当汶川大地震消息传来,你拿出这学期生活费的一半捐给了灾区,尽管你不知道最终哪个灾民从中受益了,得到捐赠的人也并不知道是你捐的,但是你还是毫不犹豫地捐了。

类似的例子,生活中多不胜举,这些行为尽管减少了自己的物质利益,甚至是生命,但是,每个人都会因为这些付出而感受到幸福或满足。理性选择强调我们在约束条件下追求个体目标的最大化或个人幸福的最大化。但什么能给我们带来幸福,我们的目标又是怎么构成,理性选择本身没有限制。我们从关爱孩子中感受到一种幸福、从帮助灾区居民中得到一种满足,诸如此类,我们选择了能够让我们更为幸福的行为,那么就是理性选择行为。经济学中"理性"是一种形式理性,而不是价值理性,它可以包容不同的价值观。所以,理性不等于"自利",上述例子中提及的各种非自利的行为倾向都可以纳入理性选择分析框架之中。我们在第 6 和 7 章中将会重点讨论相关的社会性偏好。

1.3.4 有限理性:健身卡是否续卡?

(1) 健身卡续卡之谜

公司附近开了一家健身房,每次费用为 100 元,同时健身房提供月卡,每张

[①] (西汉)司马迁 著《史记》,岳麓书社,1988 年版,第 637 页。
[②] 俞平伯 著《唐诗鉴赏辞典》,上海辞书出版社,2013 年,第 788 页。
[③] 李瑾 著《<孟子>释义》,中国青年出版社,2021 年版,第 367-368 页。

卡800元,不限次数。你的一个同事在第一个月买了月卡,一个月下来只去了4次,你发现他续卡了,而且连续半年都在续卡,平均下来去健身房的次数4次左右。周围同事劝他不要续卡,买月卡的平均成本是单次付费的两倍,认为续卡不"理性"!判断同事的行为是否理性,我们需要站在他的立场上来看:他的偏好和面临的约束是什么?

同事去健身房首要的目标是锻炼身体,我们或多或少都有健身体验,其中最大的问题是:如何坚持健身,如何执行自己的健身计划?许多时候计划一周去2—3次健身房,但实际执行下来,许多时候由于各种原因最终没去成。这反映了个人决策中的一个普遍问题:自我控制问题,"拖延"则是自我控制问题导致的一种普遍行为。自我控制问题反映了个人理性的"有限性"。当个人意识到自身理性的有限性,比如存在自我控制问题,就会激励采取相应的行动来帮助自己克服自我控制问题。那么,购买健身卡是否有助于解决自我控制问题?

(2)健身卡的激励效应

对于你的同事而言,购买健身卡确实平均下来的成本比单次付费更高,但关键在于:买卡与不买卡去健身房的次数是否有显著差异?如果买了卡后同事去健身房的次数比不买卡多,那么,买卡对同事而言就有很高的价值,帮助他部分解决了健身中自我控制问题。而他为此与健身房额外支付一笔费用分享他买卡所带来的价值。从这个角度来看,你的同事续卡对他而言是最优的选择,满足理性选择的原理。

那么,购买健身卡为什么能够让持卡人更多地去健身房?背后可能有多种原因,从理性选择视角来看,购买健身卡的支出是一种沉没成本,就如之前讨论中曾指出,沉没成本一旦付出,事后决策中应该忽略掉,看似不重要,但是这种沉没成本支出却改变了决策者事后决策时的边际成本。

- 如果没有购卡,那么去一趟健身房,消费者的成本除了时间机会成本等因素外,还要支付100元费用;
- 如果买了卡,除了其他因素不变外,不再需要支付100元费用了,所以购买健身卡降低了消费者事后决策的边际成本,从而提高其去健身房的可能性。

尽管我们强调理性决策者事后决策时应该把沉没成本忽略,但在实际生活中,沉没成本心理效应还是对一些消费者存在一定的影响,觉得自己支付了800

元,不去健身房似乎吃亏了,从而去健身房把钱"赚"回来。这种心理效应,我们也可以用下一节讲到的损失规避倾向来予以解释。

我们强调理性选择,并不排斥现实中个人理性的有限性,现实中的有限理性也并不是否定了理性选择分析框架。现实中个人理性选择面临不同程度的"有限理性"约束,比如自我控制能力、有限的计算能力等。理性决策者会对自己的"有限理性"做出策略性安排,以便降低这种有限性对自己福利的影响,这本身体现了在约束条件下最大化自己福利的努力。

(3)企业社会责任与企业价值

面对有自我控制问题的消费者,健身房有两种盈利逻辑。一种是"赚用户不来的钱",用户买了卡不来,或者说来的次数比较少,可以让健身房节约运营成本,利用个人的"有限理性"弱点盈利。这种盈利逻辑下的经营理念是希望用户不来,极端的情形,甚至出现健身房跑路现象。这种模式下消费者续卡积极性就会很低,甚至影响行业声誉,这种模式往往不可持续。

但是,健身房意识到健身卡能够帮助消费者解决自我控制问题,健身房越是能够帮助消费者来健身房,那么健身卡对消费者价值就越大,健身房从中可以分享的价值也越高。所以,健身房将自己的运营重点从出售健身卡转移到日常运营,帮助消费者尽量多来健身房,从而提高健身卡的价值,提高续卡率,从而增加健身房的盈利能力。健身房盈利模式从"赚消费者不来的钱"转变为"赚消费者来的钱"。这种盈利模式以帮助消费者解决健身痛点、改善健康为使命,通过为社会(消费者)创造价值获取企业利润,将社会责任的履行与企业利润有机统一起来,形成可持续的企业价值创造模式。

1.4 不确定下的选择

不确定性是博弈的伴生物,博弈中你可能不确定他人会采取什么行动,也可能是不确定对方的类型,比如产品质量、成本类型、谈判中对方对公平性的在意程度等,也可能源自社会经济环境的不确定,比如自然灾害、宏观经济形势、国际环境等。面对不确定性,每个个体的行为千差万别,很难对所有行为做全面描述,但我们梳理了目前观察到的一些典型行为模式,并介绍目前经济学在刻画这些行为时所用的主要理论框架。

1.4.1 不确定与风险

【课堂实验】摸彩球[①]

假设一个容器中有 300 只大小相等重量相同的彩球,100 只是红色球,剩下的 200 只球中,有些是蓝色球,其他为绿色球。如果你从该容器中随机拿出的球是指定颜色时,将获得 100 元。在摸球之前,你要先选择指定颜色,红色、蓝色还是绿色呢?

在这个摸彩球游戏中,实验参与者一般都会选择红色球。一个普遍被提及的理由是:当红色为指定颜色时,赢的概率确定为 1/3;而选择蓝色或绿色,那么赢的概率就不确定了,因为我们不知道蓝色球与绿色球各自多少,存在不可预测性。尽管平均来看,人们也可以说,抽到蓝色或绿色球的概率像红色球一样,也是 1/3,但是,相对于概率未知的选择,我们更愿意参加概率已知的选择。

当我们选择红色为指定颜色时,尽管我们不确定最终结果是什么,但是可能的结果和它们出现的概率是客观知道的,可能的结果就是两种:红球和不是红球,两种结果的概率分别是 1/3 和 2/3。经济学中将这类不确定性称之为客观不确定性。当我们指定的颜色是蓝色或绿色时,我们知道可能的结果有哪些,但是它们出现的概率客观上是不知道的,此时就面临主观不确定性,我们的决策依赖于我们的主观概率判断。股票投资就是一种典型的主观概率问题,尽管不是一无所知,但是并没有客观概率,一只股票是涨还是跌、涨多少、跌多少,可能的结果我们是可以描述的,但是出现的概率并不是客观确定,每个投资者根据自己的主观判断进行投资决策,事实上股市中的大部分交易也正是不同投资者主观概率判断的差异促成的。

在主观或客观不确定性中,可能的结果是可描述的,但在许多情形中未来可能发生一些我们事先不可描述或预测的事情,比如在企业研发中,在立项时

[①] 这个例子改编自 Ellsberg, D. (1961), "Risk, Ambiguity and the Savage Axioms", *Quarterly Journal of Economics*, Vol. 75, 1961, 643—669.

我们可能并不清楚可能会出现什么结果，有时尽管没得到预期的成果，但是出现许多意外的研究成果，这些在事前是不清楚的，甚至无法描述。这类不确定性则是一种模糊或不可预测的不确定性。

摸彩球游戏中的选择行为显示，我们一般更倾向于规避主观不确定性，更倾向于规避模糊或无法预测的意外。

1.4.2 风险厌恶

接下来我们主要讨论客观不确定性下的选择问题。

【课堂实验】资产选择与风险偏好

现在有两种资产 A 和 B，两种资产可能的收益与概率分布如表 1.2。资产 A 是一项有风险资产，可能价值 10 万，也可能价值为 0，两种结果各有 50% 的可能性，而资产 B 则是一项无风险资产，两种资产的期望价值相同，但是方差不同。

请问：你会选择哪种资产？

表 1.2　　　　　　　　　　资产价值与概率分布

资产	收益(万元)	概率	期望价值	方差
A	10	0.5	5	25
	0	0.5		
B	5	1	5	0

面对这个问题，大多数同学都不会出现选择困难，一般都会选择资产 B。理由很简单，期望价值一样，一个有风险，一个无风险，所以选择无风险的资产 B。这一"自然"的选择反映了一种普遍的偏好特征：风险厌恶，即我们不喜欢风险。现实生活中往往高收益与高风险并存，所以当我们选择一项高风险高收益资产，并不能说明我们爱好风险，我们只是在收益与风险之间做了权衡。我们借助上述问题中的选择可以清晰地判断个人的风险态度。为此，根据对资产 A 和 B 的选择，我们对个人风险态度做如下分类：

风险厌恶：对于两个期望收益相同的选项，相对于有风险的选项，风险厌恶者选择无风险的选项。

风险中性:认为两个期望收益相同的选项无差异,一样好,不在意风险的大小。

风险爱好:对于两个期望收益相同的选项,相对于无风险的选项,风险爱好者选择有风险的选项。

对于一项有风险的资产 A,风险厌恶者会认为 5 万元要比资产 A 好,那么 4.5 万元呢?或者说与 1 万元相比?除了极度厌恶风险的情形外,你会认为资产 A 应该比 1 元要好。那么,应该有一个确定的收入水平 X,使得这笔确定的收入 X 与资产 A 无差异。我们将这笔与资产 A 无差异的确定性收入称为你对该资产的确定性等价 CE(A)(Certainty Equivalent)。

对于风险规避者而言,肯定有确定性等价小于期望收益:CE(A)<EV(A)。确定性等价与期望收益之间差,我们称为风险补偿金 RP(Risk Premium)。试想一个员工原来拿的是 3 万元的固定工资,如果一项薪酬改革将工资 w 与业绩挂钩,员工收入 w 就会出现不确定性。企业为了补偿员工所承担的不确定性,就需要向员工支付更高的期望工资,即改革后的期望工资 EV(w)>3 万元。在资本市场我们也可以看到类似的风险补偿,平均来讲,国债回报率要比银行存款利率高,股市期望回报率要比国债利率高,因为前者的风险会更高,如果不满足这一点,没有足够的风险补偿,风险厌恶者就不会加入股市。

根据确定性等价 CE 和风险补偿金 RP 的大小,我们可以比较不同个人的风险态度。面对资产 A,风险规避者有 CE<EV,而且 CE 越小,越厌恶风险。所以,对于参与者 1 和 2,如果有 $CE_1(A)<CE_2(A)$,那么我们可以说参与者 1 比参与者 2 更厌恶风险。

1.4.3 框架效应与损失厌恶

【课堂实验】疫苗方案选择[①]

假设你正在听取相关卫生部门就今年冬天流行感冒应对方案的汇报。面

[①] 本节例子主要改编自 Kahneman, Daniel and A. Tversky (1979), "Prospect Theory: An Analysis of Decisions under Risk", *Econometrica*, Vol. 47, 1979, 263—291.

对该流行感冒,如果不推出针对性的疫苗,预期流行感冒将导致600人死亡(感冒患者要么完全康复,要么死亡)。你可能听到两种不同描述框架的汇报。

框架一:

卫生部门可以推广两种免疫疫苗项目,两者选一:

第一个项目:可以确定地拯救400人;

第二个项目:有1/3的可能性不会产生任何效果,有2/3的可能性挽救全部600人的生命。

请问你会推荐哪一个项目?

框架二:

卫生部门可以推广两种免疫疫苗项目,两者选一:

第一个项目:确定地会有200人死亡;

第二个项目:有2/3的可能性无一例死亡,有1/3的可能性全部600人死亡。

请问你会推荐哪一个项目?

卡尼曼和特沃斯基(Kahneman and Tversky,1979)以及后面的不少文献做了类似的研究,在这些研究中,对上述两个问题典型的回答是:在第一种汇报方式下选择第一个项目;而在第二种汇报方式下选择第二个项目,在我以往的课堂上也得到类似的结果。根据第一种表述,似乎能确定地拯救一些人要好一些,而根据第二种表述似乎把人从一种确定的死亡中拯救出来更好些。但是我们仔细考虑一下会发现其实项目的实际效果是一样的,只是改变了一下表述方式而已。在两种表述中,第一个项目的结果都是:400人生存下来,200人死亡;第二个项目的结果也是一样的:1/3的概率没人死亡,1/3的概率600人死亡。如果你在第一种汇报中偏好第一个选择,那么,在第二种汇报中你应该也偏好第一个项目。但是,就像数据揭示的那样,问题表述方式的不同框架使人们的选择出现了变化,我们把这种表述框架变化对决策产生的影响称为框架效应。

框架效应不仅仅在这种生死抉择中才会表现出来,卡尼曼和特沃斯基(Kahneman and Tversky,1979)还汇报了类似的实验结果,比如下述问题。

【课堂实验】赌注选择 I

请你在以下两个赌注中选一个：

A：25% 的可能性赢 6000 元，75% 的可能性得到 0 元[EV＝1500 元]；

B：25% 的可能性赢 4000 元，25% 可能性赢 2000 元，50% 的可能性得到 0 元[EV＝1500 元]；

在这里选择问题中，A 和 B 的期望收益相同，不过方差 B 要小，所以，我们很多风险厌恶者会选择 B，实验结果也显示大多数人选择了 B。

【课堂实验】赌注选择 II

请你在以下两个赌注中选一个：

C：25% 的可能性输 6000 元，[EV＝－1500 元]；

D：25% 的可能性输 4000 元，25% 可能性输 2000 元，[EV＝－1500 元]；

在赌注选择 II 中，C 和 D 期望收益相同，D 的风险要小，如果你是风险厌恶者，应该会选 D。但是，实验的结果显示我们大多数在 II 中选择了 C。两个决策情形唯一的区别是：I 中以"赢"的方式表述，而 II 中以"输"的方式表述。实验发现，我们在"赢"的框架下表现出风险厌恶，而在"输"的框架下表现出风险爱好。

框架效应意味着我们可以调整表述的方式或改变决策框架来影响他人的选择。卡尼曼等(Kahneman, Knetsch and Thaler, 1986)通过以下两个问题的问卷调查分析了这个问题[①]。

问题 1：一款流行的汽车出现了缺货，顾客必须等上两个月才能提到货。其中一个经销商一直都以标价销售汽车。现在经销商要在标价基础上上浮 2000

[①] 本例子引自 Kahneman, D. , J. Knetsch and R. H. Thaler (1986), "Fairness as a Constraint on Profit Seeking: Entitlements in the Market," American Economic Review, 76, September, 728－741. 引用时做了适当改编。

元的价格进行销售。

130人参与调查，认为可以接受的占29%，而认为不公平的占71%。

问题2：一款流行的汽车出现了缺货，顾客必须等上两个月才能提到货。一个经销商之前一直都是以低于标价2000元的折扣价进行销售。现在这个销售商要以标价进行销售。

123人参与调查，认为可以接受的占58%，认为不公平的占42%。

同样是要多付2000元，在问题1中在原价基础上被索取高价，这可以被认为是一种损失；而在问题2中取消一种折扣，可以被理解为收益的减少（一种原来额外的收益没了）。我们看到，消费者对于损失2000元的反应，远远大于对没得到2000元的反应。面对损失和收益，不仅个人的风险态度存在差异，而且我们的效用变化也存在不对称性，相对于没得到一笔收益，我们更厌恶等额的一笔损失，我们称这种行为倾向为损失厌恶。

这种损失厌恶倾向有助于解释为什么在通货膨胀时期更容易削减实际工资。比如：一家公司存在微薄的利润，它所处的地区正处于萧条之中，有着相当高的失业率。如果没有通货膨胀，公司决定今年将周薪和年薪降低7%，此时的降薪政策很容易遭到员工的反对；但是，如果当地同期有12%的通货膨胀率，这家公司决定今年只加薪5%，大多数员工估计会接受。

> 【概念】损失厌恶
> 损失厌恶是指人们面对同样数量的收益和损失时，损失带来的负效用绝对值大于等量收益的正效用。

1.5 期望效用理论

1.5.1 期望效用与风险补偿金

期望效用理论是经济学用于分析可描述不确定性下选择问题的一种分析

框架，较好地刻画了决策者在收益与风险之间的权衡。

给定自己的选择，决策者尽管不知道结果会是什么，但是知道可能的结果及其概率分布。比如前面讨论的资产 A，我们简化描述为：(0.5 · 10 万，0.5 · 0)。决策者对每一个可能的结果都有一个效用赋值：$u(0)$ 和 $u(10)$。我们记 w 为决策者的货币收益，更一般地我们可以定义一个决策者的效用函数 $u(w)$，一般我们假设 u 是 w 的递增函数，反映货币收益多多益善这一普遍特征。期望效用理论假设决策者对资产 A 的评价等于 $u(0)$ 和 $u(10)$ 的期望值，即

$$Eu(A) = 0.5u(10) + 0.5u(10) \tag{1.1}$$

不同选项的期望效用大小反映了决策者对他们的偏好，所以根据风险态度的定义，我们有：

- 风险厌恶者：$Eu(B) = u(5) > Eu(A) = 0.5u(10) + 0.5u(10)$
- 风险中性者：$Eu(B) = u(5) = Eu(A) = 0.5u(10) + 0.5u(10)$
- 风险爱好者：$Eu(B) = u(5) < Eu(A) = 0.5u(10) + 0.5u(10)$

我们记 w_1，w_2，分别为两个收益水平，定义一笔风险资产 $A = (p \cdot w_1, 1-p \cdot w_2)$，资产 A 的期望价值为 $EV[A] = p \times w_1 + (1-p) \times w_2$。如果一个决策者的偏好可以用期望效用表示，那么，对于风险规避者，我们有

$$u(EV[A]) > Eu(A) = pu(w_1) + (1-p)u(w_2)$$

那么，根据凹函数的定义，风险厌恶者的效用函数 u(w) 是凹函数，如图 1.1 所示。

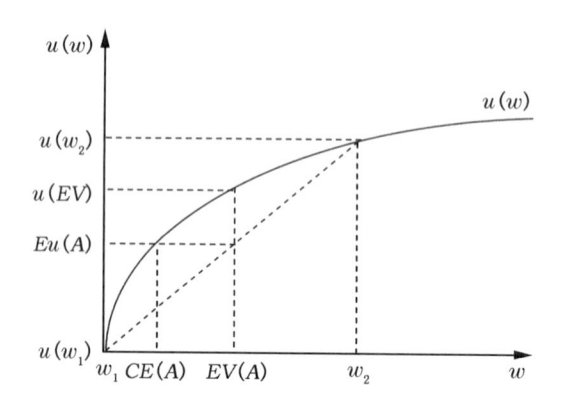

图 1.1 效用函数：风险厌恶

类似的原理,我们可以得到风险爱好者的效用函数 u(w)是凸函数,而风险中性者的效用函数为线性函数,期望收益的大小完整表示了他的偏好。

期望效用理论能够较好地刻画通常情况下决策者在收益与风险之间的权衡,给定一项不确定资产 A,其期望收益为 EV(A),我们用 A 的方差来度量风险的大小,记为 Var(A)。根据期望效用理论,决策者的风险补偿金近似值可以表示为[1]:

$$RP(A) = 0.5 \cdot r \cdot Var(A)$$

其中 r 是决策者的绝对风险规避系数,反映决策者的风险厌恶程度。所以,对于该决策者来讲,这一不确定收入的确定性等价为:

$$CE(A) = EV(A) - RP(A) = EV(A) - 0.5 \cdot r \cdot Var(A)$$

如果决策者是一个风险规避者,那么,我们有 CE(A) < EV(A);

如果决策者是一个风险爱好者,那么,我们有 CE(A) > EV(A);

如果决策者是一个风险中性者,那么,我们有 CE(A) = EV(A);

对于不确定资产 A,决策者的 CE(A)越小越厌恶风险,要求的风险补偿金 RP(A)越高。

1.5.2 局限性

期望效用理论在分析不确定下选择问题时具有较强的解释力,而且相对比较简单,但是也有很明显的局限性。

首先,效用函数 $u(w)$ 定义在绝对收入水平 w 上,无法解释框架效应与损失规避行为;

其次,期望效用理论假设效用加权的权重是概率的线性函数,但这一点遇到小概率事件或确定性事件时,决策者通常的选择与期望效用理论预测相悖。

我们先来看一下涉及小概率事件的决策问题。

【课堂实验】小概率事件

情形 1:

A:0.25 概率得到 10 0000 元;0.75 概率得到 0 元;

---

[1] 本书对详细推导过程不予介绍,有兴趣的同学可以参阅马斯克莱尔等《微观经济理论》。

B:0.5 概率得到 60000 元;0.5 的概率得到 0 元;

你会选择哪个?

情形 2:

C:0.001 的概率得到 10000 元;0.999 概率得到 0 元;

D:0.002 的概率得到 60000 元;0.998 概率得到 0 元;

你会选择哪个?

在情形 1 中,我们大多数人都会选择 B,B 的期望收益(3 万)大于 A 的期望收益(2.5 万),而 B 的方差要小于 A 的方差。在情形 2 中,D 的期望收益大于 C,而 D 的方差也小于 D。根据期望效用理论,如果在情形 1 中决策者选择了 B,那么在情形 2 还是会选择 D。但是,大量的实验显示,在情形 2 中实验参与者更多地会选择 C!!! 显然,这里不同选项中的金额没有发生变化,唯一变化的是概率大小。情形 1 中,赢的概率从 0.25 改变到 0.5,我们都可以明显感知这种增加 1 倍的概率变化。但在情形 2 中,赢的概率从 0.001 改变到 0.002,尽管数学上也是增加一倍,但是我们主观感知上没有这么大的差异。这就好比一道菜添加的盐从 1 勺盐变化到 2 勺盐,我们会明显感觉到菜变咸了;但是同样的增加一倍,从加 1 小粒盐变化到 2 小粒盐,我们肯定无从感知,这个变化太小了。所以,如果说当概率很小时,我们对结果的权重函数不再是概率的线性函数,期望效用理论的解释力在这种情形下存在局限性。

以下例子则说明与期望效用理论相悖的另一种行为倾向是确定性效应。

【课堂实验】确定性效应

情形 1:

考虑以下两阶段游戏,

第一阶段,有 75% 的概率游戏结束,得到 0 元,有 25% 的概率游戏继续到第二阶段;

第二阶段,你可以从以下选项重选一个

A:确定得到 30 元 [EV = 30];

B:80% 概率得到 45 元,20% 的概率得到 0 元 [EV = 36]。

在整个游戏开始前,你要做出选择,A 还是 B?

情形 2：

C：有 75% 的概率游戏结束,得到 0 元,有 25% 的概率得到 30 元;

D：有 80% 的可能性游戏结束,得到 0 元,有 20% 的可能性得到 45 元。

你会选择 C 还是 D?

实验结果显示,在情形 1 中多数人会选择 A,而在情形 2 中多数人会选择 D。如果我们仔细考虑一下,在情形 1 中如果选择 A,整个游戏中得到 30 元的概率是 0.25 * 1=0.25;如果选择 B,那么得到 45 元的概率是 0.25 * 0.8=0.2。所以,从可能的结果与概率分布来讲,A 与 C 是等价的;而 B 与 D 等价,但是我们的选择却不同。这似乎又是一个框架效应的例子！但这里扮演关键因素的是 A 中的确定性描述。试想一下,概率从 0.98 改变到 0.99,发生的概率增加了 0.01;如果现在概率从 0.99 改变到 1,同样是增加 0.01,但是,这两种变化影响显然存在显著差异,第二种变化中不确定性消失了,带来了确定的结果,我们对确定性有着特殊的偏爱。我们称这种倾向为"确定性效应"。这种确定性效应也意味着我们的权重函数在不确定到确定的变化中是不连续的,存在跳跃,这与期望效用理论相悖。

期望效用理论是一个很简单而有力的假说(模型),但是,我们在运用时也需要谨慎,在涉及小概率事件以及确定性事件时,期望效用理论存在较大的局限性。

1.6 展望理论

针对期望效用理论的局限性,为了能够更好的解释框架效应、损失规避以及权重赋值的非线性特征,卡尼曼和特沃斯基(Kahneman and Tversky, 1979)提出了展望理论,主要由依参照点效用函数与权重函数两部分组成。

1.6.1 依参照点效用函数 $u(w,r)$

在框架效应下,我们对一笔收入 w 的评价不是根据其绝对水平,而是会先根据某个参照收入水平 r 来判断是收益还是损失。如果 w＞r，就认为是收益，由收益评价函数 h(w－r) 来进行评价，该函数是一个凹函数，表示决策者在收益框架下是风险厌恶者；如果是 w＜r，就认为是损失，则由损失评价函数 v(w－r) 来进行评价，该函数是一个凸函数，表示决策者在损失框架下是风险爱好者。

而且，损失评价函数与收益评价函数并不对称，收益 k 单位带来的效用值 h(k) 要小于损失 k 单位所带来的负效用的绝对值。通过这种不对称性表示决策者的损失规避倾向。

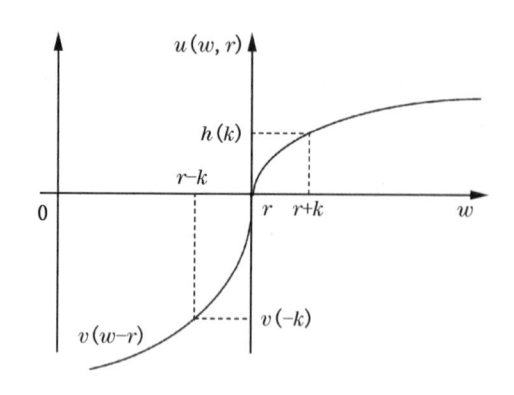

图 1.2　依参照点效用函数

根据依参照点效用函数，如果我们的参照点发生变化，那么对一笔收入的评价也会随之发生变化。如果参照点提高，收益可能变为损失，反之，如果我们能够降低参照点，那么可能从损失变为收益。由于决策者的损失厌恶倾向，对收益与损失评价的不对称性，使得参照点的变化直接改变决策者的选择。卡尼曼和特沃斯基（Kahneman and Tversky，1979）做了如下实验。

【课堂实验】参照点

选择情形 1：

先给 1000 元，然后在以下 A 与 B 中做选择。

A：50％的概率得到 1000 元，50％得到 0 元；

B：确定得到 500 元。

选择情形 2：

先给 2000 元，然后在以下 C 与 D 中做选择。

C：以 50% 的概率损失 1000 元，50% 损失 0 元；

D：确定损失 500 元。

在情形 1 中多数人选择 B，而在情形 2 中多数人选择了 C。事实上，从最终的结果来看，A 与 C 是等价的，B 与 D 是等价的。但是实验开始先给收入构成参与者对最终收入评价的参照点，通过调整参照点直接改变了实验参与者的选择。生活中有多重因素影响参照点，比较复杂，也是目前行为经济学研究的一个领域。

1.6.2 非线性权重函数

不同于期望效用理论中线性权重函数 $\pi(p)=p$，展望理论为了解释确定性效应和高估小概率事件的行为倾向，引入了非线性权重函数，如图 1.3。

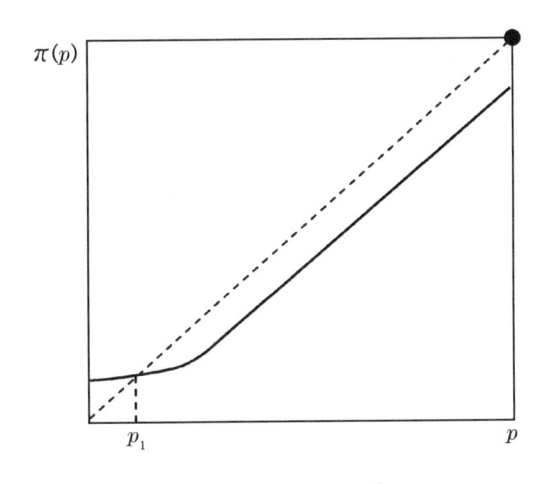

图 1.3 概率权重函数

图 1.3 中的权重函数本身要满足：

$$\sum \pi(p_1)+\cdots+\pi(p_n)=1$$

根据展望理论假说，权重函数具有以下特征：

- 在小概率区间内：$p \in (0, p_1)$，$\pi(p) > p$，表示决策者高估小概率事件的倾向；

- 在概率 p 趋近于 1 处不连续，刻画确定性效应；

- 在中间概率水平中,则存在相对的低估现象:$\pi(p) < p$。

本章要点

- 策略性思考要求决策者在博弈中把握全局,并能够换位思考,根据逆向推理优化自己的行动;
- 理性决策者在约束条件下追求目标最大化,理性并不等价于自利,理性偏好中可以包含利他、奉献、互利等社会性偏好;
- 理性决策者综合评估自身行动的机会成本,并忽视已经支出的沉没成本;
- 边际权衡是理性选择的基本原理,当行动的边际收益等于边际成本时达到最优选择;理性决策者会对边际变化做出反应,博弈中我们可以通过改变对方选择的边际收益或边际成本来改变对方的决策;
- 个人理性存在有限性,理性决策者会对自身的有限理性做出策略性安排;
- 面对不确定性,一般情况下个人都有风险厌恶、损失厌恶倾向,而且个人对结果的评价受到认知框架的影响,在概率认知中存在明显的确定性效应和高估小概率事件的倾向;
- 期望效用理论能够较好刻画风险厌恶行为,反映决策者在收益与风险之间的权衡,但是也存在局限性,使用时要谨慎;
- 展望理论能够较好刻画损失规避、框架效应、确定性效应以及高估小概率事件等行为倾向,但模型本身相对而言比较复杂。

案例思考

1.1 负荆请罪

据《史记》记载,完璧归赵后,蔺相如拜为上卿,位在廉颇之上。"廉颇曰:'我为赵将,有攻城野战之大功,而蔺相如徒以口舌为劳……'宣言曰:'辱之。'相如闻,不肯与会。相如每朝时,常称病,不欲与廉颇争列。舍人请辞……相如固止之,曰:'夫以秦王之威,而相如廷叱之,辱其群臣。相如虽驽,独畏廉将军哉？顾吾念之，强秦之所以不敢加兵于赵者，徒以吾两人在也。今两虎共斗，其势不俱生。吾所以为此者，以先国家之急而后私仇也。'"①

请结合策略思维的讨论，如何从格局视角理解廉颇"欲辱相如"与蔺相如"避之"的行为？

1.2 空城计

小说《三国演义》中描述了诸葛亮妙用空城计退敌的故事。当司马懿占领了街亭以后，亲自带领十五万大军杀向西城。此时，诸葛亮坐镇西城，但身边并没有大将，所带的五千兵有一半是运送粮草的，不能打仗，听说魏兵来了，都吓得心惊胆战，不知怎么办才好。诸葛亮传下命令，把所有的旗子都藏起来，城里的人不许随便出入，也不许大声说话，把四面城门全都打开，每个城门口二十个老兵扮成老百姓的模样，拿着扫帚打扫街道，如果魏兵到了不要惊慌失措。诸葛亮自己则坐在城楼上喝酒弹琴。司马懿的大军来到了城下，心里非常疑惑，连忙下令军队向后撤退。

结合关于策略思维的讨论，请分析诸葛亮空城计胜算的逻辑是什么？

1.3 何时提交方案

你毕业后加入了某企业的一个团队，某周的周二上午，你的团队领导交给你一个任务：请你就某个项目写一个方案，给你1周的时间完成。当你收到该任务时很高兴，因为你对这个问题早有所思，当天晚上就完成初稿，第二天上午润色了一番，觉得很满意。此时，你有点犯愁，什么时候把方案交给领导比较合适？可供选择的时间有：

A. 周三下午；B. 周四；C. 周五；D. 第二周周一；E. 第二周周二

你会选择哪个时间提交方案？为什么？（我们假设你的方案已经很完美，在考虑提交时间时可以忽略再修改润色的问题。）

1.4 奥运精神

在2024年巴黎奥运会上，中国代表团取得了优异的成绩。奥运会在倡导"和平、友谊、公平、进步"的同时，也鼓励运动员不断超越自我，追求"更快、更强、更高"。

(1)追求"更快、更高、更强"的奥运精神与依参照点效用函数之间有怎样的

---

① （西汉）司马迁 著：《史记·廉颇蔺相如列传》，岳麓书社，1988年版，第612—613页。

内在联系?

(2)《老子》中提出"祸莫大于不知足,咎莫大于欲得,故知足之足常足矣。"①倡导"知足常乐"价值观。在人类社会的演进中,你认为哪种价值观会趋于主导,为什么?

1.5 资产收益率偏态分布与投资决策

现在有两种资产 A 和 B,图 1.4 表示了两种资产收益的密度函数,资产 A 的收益率服从负偏分布,密度函数长尾向左端延伸,右侧没有长尾,意味着 A 资产没有机会获得超高额收益率,但是有可能出现较大亏损,不过概率很低;而资产 B 的收益率服从正偏分布,该资产有可能获得很高的收益率,尽管概率很低。现在我们假设两种资产的期望收益率相同 $E[r_A] = E[r_B]$,两种资产的方差也相同 $Var(r_A) = Var(r_B)$。

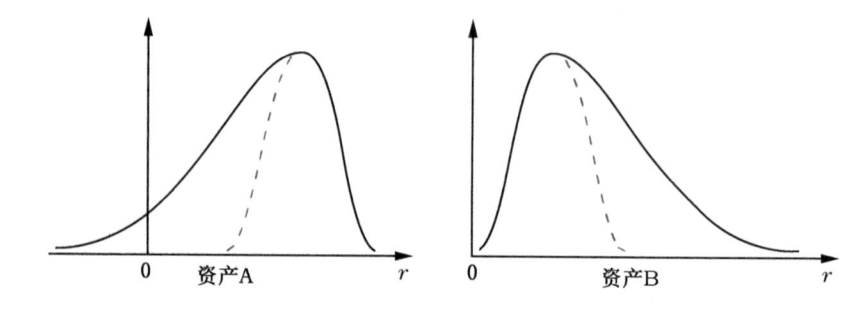

图 1.4 资产收益率密度函数

如果你是某基金经理,由你在资产 A 和资产 B 中进行投资决策,你更倾向于投资哪种资产?为什么?

---

① 王凯 著:《老子<道德经>释解》,人民出版社,2012 年版,第 200 页。

第 2 章

囚徒困境

以邻为壑

白圭曰:"丹之治水也愈于禹。"孟子曰:"子过矣。禹之治水,水之道也,是故禹以四海为壑。今吾子以邻国为壑。水逆付谓之泽水。降水者,洪水也,仁人之所恶也。吾子过矣。——《孟子·告子下十一》[①]

以史为鉴:历史上的贸易战

一战后,欧洲国家为了恢复经济,纷纷推出贸易保护政策,导致美国产品价格下跌,贸易顺差缩窄,激起了美国国内的贸易保护情绪。在 1928 年美国总统大选中,宣扬贸易保护的胡佛当选,并于 1930 年 6 月签署了《斯穆特—霍利关税法》,导致美国进口关税大幅提升,从之前的 15% 左右提升至接近 20% 的水平。而美国的高关税措施遭到了欧洲多国的强烈反对,多个国家开始实施报复措施,整个全球贸易宏观税率从 10% 左右上升到 20%。贸易保护并没有给美国和欧洲经济带来回暖的动力,反而导致全球范围内出现贸易收缩,进一步加剧全球经济衰退。

长江渔业资源的枯竭

长江作为我国"淡水鱼类的摇篮",也是世界上生物多样性最为丰富的河流之一。长江分布有 4300 多种水生生物,鱼类有 424 种,其中 180 多种为长江特有。但是,曾经的长江三鲜数量衰减严重,其中,鲥鱼早已灭绝,野生河豚数量

[①] 李瑾 著:《孟子释义》,中国青年出版社,2021 年版,第 404 页。

极少,长江刀鱼数量急剧下降,从过去最高产4142吨下降到年均不足100吨。而青、草、鲢、鳙四大家鱼曾是长江里最多的经济鱼类,如今资源量已大幅萎缩,种苗发生量与20世纪50年代相比下降了90%以上,产卵量从最高1200亿尾降至最低不足10亿尾。

在上述情景中,博弈各方都陷入了一种典型的合作困境,不管是以邻为壑的国际贸易关税战,还是长江渔业资源枯竭导致渔民捕鱼量下降,甚至转行,对于参与的各方来讲,如果能够成功合作,每一方都会受益,但事实上各方都陷入了合作失败。博弈论先驱者发明了"囚徒困境"例子来阐述这种典型的合作失败,反映个体理性选择与集体效率之间的矛盾①。

警察在审犯人时,经常采用"坦白从宽,抗拒从严"的策略。现在考虑如下情形,两个犯罪嫌疑人共同作案,警察抓住他们后分开审问,告诉他们:可以选择招供或不招供;如果一个人招供,另一个人不招供,那么招供的一方会被"从宽处理",立即释放,不招供的一个则"从严处理",被判8年刑;如果两人都招供,那么每个人都会被判5年刑;如果两人都没招供,则各被判1年刑。那么,两个嫌疑人会如何选择?

2.1 成绩博弈

【课堂实验】成绩博弈

博弈规则:全班同学两两随机匹配参与博弈,游戏前后都不知道跟谁匹配,每个人只能看到自己博弈的结果。你和游戏伙伴都要从 X 和 Y 两个选项中选择一项;你们俩的成绩取决于双方的选择:

如果你选择 X,对方选择 Y,那么你得到 95 分,对方得到 65 分;

如果你选择 X,对方选择 X,那么你得到 75 分,对方得到 75 分;

如果你选择 Y,对方选择 Y,那么你得到 85 分,对方得到 85 分;

---

① 关于该例子的发明者有不同的说法,有人认为是埃尔·塔克1950年在斯坦福大学访问期间提出,也有人认为是更早些时候的另外两位数学家梅里尔·弗雷德和梅尔文·德雷希尔提出的。

如果你选择 Y,对方选择 X,那么你得到 65 分,对方得到 95 分;

问题:如果你参与该博弈,你会选择什么？为什么？

你会选择：X □　　Y □

2.1.1　博弈的描述:策略式博弈

在讨论该博弈时,我们可能会关心,他们出狱后是否还会有类似的互动机会,是否有机会惩罚对方的"招供"行为,或者是否会面临来自第三方(组织或其他成员)的惩罚,我们也可能需要考虑他们之间什么关系,是亲人、朋友还是偶尔碰在一起共同参与了一起违法活动。所以,为了更准确地讨论,我们需要对博弈进行更为准确完整的描述。在博弈的描述中,我们需要明确博弈的参与者、行动顺序、信息、策略集和参与者的偏好。对于最为简单的囚徒困境,我们可以描述如下：

- 参与者:博弈参与者就两个囚徒:1 和 2;
- 行动顺序:两个囚徒分开来审讯,每个囚徒决策时不知道对方选择了什么,即不能观察到别人的行动,这等价于同时行动博弈。而且假设这是一次性博弈,每个囚徒只有一次行动机会,出狱后不再有任何互动机会。
- 策略集: $S_i, i=1,2$

博弈中参与者可以选择什么？我们用参与者 i 的策略 s_i 来表示参与者 i 在博弈中的一个完整行动计划。在囚徒困境博弈中,每个囚徒只有一次行动机会,而且同时行动,所以,囚徒的策略就是他们的行动。策略集则表示博弈中参与者可以选择的所有策略的集合,记为 $S_i, i=1,2$。每个囚徒都有两个策略:招供或不招供,所以, $S_1 = S_2 = \{招供,不招供\}$。

记 (s_1, s_2) 为囚徒 1 和 2 策略选择的组合,因为每个囚徒只有 2 个策略,所以,一共有四种可能的策略组合,对应四种可能的博弈结果,即：

结果 $A:(s_1,s_2)=(招供,不招供)$,1 释放 2 被判 10 年;

结果 $B:(s_1,s_2)=(不招供,不招供)$,两人都被判 1 年刑;

结果 $C:(s_1,s_2)=(招供,招供)$,两人都被判 5 年刑;

结果 $D:(s_1,s_2)=(不招供,招供)$,1 被判 10 年 2 释放。

我们用图 2.1 的矩阵来表示该博弈,矩阵描述了博弈的参与者、每个参与者的策略集以及不同策略组合下的博弈的结果。

		囚徒 2	
		招供(d)	不招供(c)
囚徒 1	招供(d)	5年,5年	释放,10年
	不招供(c)	10年,释放	1年,1年

图 2.1 囚徒困境:结果矩阵

图 2.1 描述的仅仅是结果,我们要分析或预测参与者在博弈中会怎么选择,我们还要了解参与者的偏好,即对不同博弈结果的偏好排序。生活中考虑到囚徒之间的不同关系,可以有不同的偏好关系。比如:

(1) 自利型偏好关系:自己坐牢时间越少越好,不在意对方坐多久牢。

在该偏好关系下,对囚徒而言,A 最好,而 D 最差,完整的偏好次序为:$A > B > C > D$。我们可以用数字表示囚徒对四个可能的博弈结果的支付(或效用值),我们用支付函数 $u_i(s_1, s_2)$ 来表示博弈结果与参与者支付之间的对应关系。

• 参与者偏好(支付函数):$u_i(s_1, s_2), i = 1, 2$

如果参与者 1 是自利型参与者,那么 $u_1(s_1, s_2)$ 能够表示自利型偏好关系的支付函数应该满足:

$$u_1(d,c) > u_1(c,c) > u_1(d,d) > u_1(c,d)$$

比如:$u_1(d,c) = 0 > u_1(c,c) = -1 > u_1(d,d) = -5 > u_1(c,d) = -8$。

假设两个囚徒都是自利型参与者,图 2.2 中刻画了参与者在不同结果下得到的支付,反映他们的偏好关系。图 2.2 为囚徒困境的支付矩阵,该矩阵完整刻画了博弈的三个要素:参与者、策略集和支付函数。

		囚徒 2	
		招供(d)	不招供(c)
囚徒 1	招供(d)	$-5,-5$	$0,-8$
	不招供(c)	$-8,0$	$-1,-1$

图 2.2 囚徒困境:自利型参与者

(2) 利他型偏好关系:不仅关心自己的坐牢时间,而且关心对方的坐牢时间,希望两者都少一点,愿意牺牲自己部分利益来提高对方的利益。

对不同的人利他程度会存在差异,比如我们用 $\beta>0$ 表示对他人的关心程度。假设两个囚徒的利他程度相同,那么两个利他型参与者的支付矩阵如图 2.3。

		囚徒 2	
		招供(d)	不招供(c)
囚徒 1	招供(d)	$-5(1+\beta),-5(1+\beta)$	$-8\beta,-8$
	不招供(c)	$-8,-8\beta$	$-(1+\beta),-(1+\beta)$

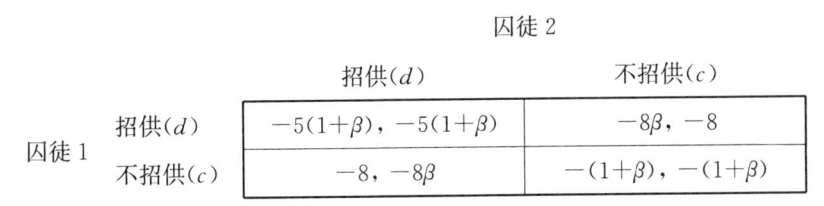

图 2.3 囚徒困境:利他型参与者

2.1.2 效率与集体最优

博弈中,每个参与者对可能的结果都会有一个排序,那么对于集体或社会而言,是否存在最优结果?或者说从一个结果调整到另一个结果是否是社会合意、可接受的?

根据图 2.2 两个自利型参与者的支付矩阵可以看到,从集体角度来讲,支付组合 $(-5,-5)$ 调整到 $(-1,-1)$,双方的福利都得到了改进,会被普遍认为是一种集体福利的改进,是集体可接受的变化。我们称这种在不损害任何一个人福利的情况下提高某些成员的福利为**帕累托改进**。同时,在 $(-1,-1)$ 状态下,该博弈没有再进行帕累托改进的机会,我们称这种不再有任何帕累托改进机会的社会状态或资源配置结果为**帕累托最优**。所以,在囚徒困境博弈中(合作,合作)是帕累托有效的策略组合,而(不合作,不合作)不是帕累托有效的策略组合。

对照这一标准,从支付组合 $(-8,0)$ 改变到 $(-1,-1)$ 不满足帕累托改进的要求,因为在提高囚徒 1 福利的时候降低了囚徒 2 的福利。类似的,$(-8,0)$ 到 $(-5,-5)$ 同样不是帕累托改进。根据帕累托有效标准,$(-8,0)$ 和 $(0,-8)$ 也是帕累托有效的结果,显然,帕累托标准是一种比较弱的福利判断标准,帕累托效率标准并没有考虑分配的公平与否。

2.2 理性与策略选择

2.2.1 严格劣策略

现在我们来讨论囚徒困境中参与者的选择。我们假设囚徒都是理性的,知道自己的偏好,并追求自己支付最大化。我们先讨论自利偏好下的博弈(见图 2.2 支付矩阵)。首先,从囚徒 1 角度分析他的最优选择:

• 如果囚徒 2 招供,囚徒 1 招供得到的支付为 -5,选择不招供的支付为 -8。所以,如果预期囚徒 2 招供,囚徒 1 的最优反应是招供;

• 如果囚徒 2 不招供,囚徒 1 招供就立即释放,支付为 0;如果不招供,支付为 -1。所以,如果预期囚徒 2 不招供,囚徒 1 的最优反应是招供。

所以,给定博弈的规则和囚徒的偏好,不管预期囚徒 2 选择什么,囚徒 1 选择招供的支付都比不招供高。我们称"招供"策略占优于"不招供"策略。我们记参与者 i 的策略为 s_i,i 以外的其他参与者的策略为 s_{-i},所以,(s_i, s_{-i}) 表示博弈中所有参与者的一个策略组合。由此,我们可以定义"占优"关系。

占优:称参与者 i 的策略 s_i 占优于策略 s'_i,如果不管其他人选择什么策略 s_{-i},参与者 i 选择 s_i 的收益总是高于选择 s'_i 的收益,即,对于任意 $s_{-i} \in S_{-i}$,都有 $u_i(s_i, s_{-i}) > u_i(s'_i, s_{-i})$。

"不招供"被"招供"占优,所以,对于囚徒 1 而言,"不招供"就是差的策略,正式地,我们称"不招供"为严格劣策略。

严格劣策略:如果一个策略 s'_i 被另一个策略 s_i 占优,那么,我们称策略 s'_i 是严格劣策略。

博弈指南:理性的参与者不会选择严格劣策略。

【练习 2.1】请找出下列博弈参与者的严格劣策略。

参与者 2

		T	M	B
参与者 1	L	0,1	2,3	1,2
	R	3,0	1,2	0,1

图 2.4

图 2.4 所示的博弈中,参与者 1 不存在严格劣策略,因为当参与者 2 选择 T 时,参与者 1 的最优反应是 R,而参与者 2 选择 M 或 B 时,参与者 1 的最优反应是 L,所以 L 与 R 没有占优关系。T 和 B 都是参与者 2 的严格劣策略,M 策略占优于 T 策略,M 策略同时占优于 B 策略。在该博弈中,M 策略占优于其他所有策略,我自然的一个预测是:理性的参与者 2 会选择 M,我们称 M 为参与者 2 的占优策略。

占优策略:如果一个策略占优于其他所有策略,那么称该策略为占优策略。

理性的参与者肯定会选择占优策略。在囚徒困境博弈中,"招供"就是为囚徒 1 的占优策略。

博弈指南:理性的参与者首选占优策略。

【练习 2.2】请预测下列博弈中参与者的选择

参与者 2

		T	M
参与者 1	L	−1000,9	10,10
	R	10,7	9,8

图 2.5

2.2.2 旅行者困境

有两个朋友,参加了北京的一个研讨会,在飞回上海之前,他们在一间古董店里,找到一对一模一样且物美价廉的花瓶。两个人各买了一只花瓶,遗憾的是,航空公司把他们的行李弄丢了,里面就有这两只花瓶。航空公司决定立即对两名旅客予以赔偿,他们被请进失物招领部门经理的办公室。经理决定顺着以下思路对他们予以补偿,两位旅客需要在不同的房间,在一张纸上写下他们对补偿丢失花瓶的期望数额。这个数字可以是 1000 元、900 元或 800 元。如果他们写的数字相同,他们每人都可以拿到这个数额。如果他们写的数字不同,每人会得到较低的那个数额,同时,那个写下较低数值的人会在得到此基础上增加 200 元的奖励,而那个写下较高数值的人会在得到的数额基础上扣掉双方所报金额的差值。比如,旅客 1 报 800 吨旅客 2 报 1000 元,双方金额相差 200 元。那以,旅客 1 得到 800+200=1000 元,而旅客 2 得到 800-200=600 元,支付矩阵见图 2.6。

如果你是其中一个旅客,你会选择哪个数字?

		旅客 2		
		1000	900	800
	1000	1000, 1000	800, 1100	600, 1000
旅客 1	900	1100, 800	900, 900	700, 1000
	800	1000, 600	1000, 700	800, 800

图 2.6　旅行者困境

表面上看,似乎两人都应当写 1000 元,因为这样他们都会拿到这个数额。但是,很多博弈参与者选择了 800 元,取得一笔较少的补偿。这里,尽管 800 元不是占优策略,但是,从图 2.6 支付矩阵可以看到,选择 1000 元是旅客 1 的严格劣策略,不管 2 选择什么策略,对于 1 来讲选择 900 元总比 1000 元获得更多的补偿,而且选择 800 元也不会比 1000 来的差。所以,理性的旅客 1 不会选择 1000 元。但是,在不确定对方会选择什么数字的情况下,900 元与 800 元没有占优关系,如果对方选择 1000 元就选择 900 元,如果对方不会选择 1000 元,那么就选择 800 元。由此我们得到:1000 元是旅客 1 的严格劣策略,理性的旅客 1 不会选择 1000 元。

如果"参与者是理性的"是共同知识,旅客 2 知道旅客 1 是理性的,那么旅客 2 知道旅客 1 不会选择 1000 元;因为旅客 1 和旅客 2 是对称的,所以,旅客 1 知道旅客 2 不会选择 1000 元。所以,可以从支付矩阵 2.6 中把策略"1000"元删去。由此得到一个简化的支付矩阵图 2.7。

		旅客 2	
		900	800
旅客 1	900	900，900	700，1000
	800	1000，700	800，800

图 2.7

在这个简化的博弈中,对于旅客 1 来说,在确定旅客 2 不会选择 1000 的情况下,900 就是旅客 1 的严格劣策略,可以从旅客 1 的策略集中剔除,得到关于旅客 1 策略选择的一个预测:选择 800 元。同理,给定旅客 1 不会选择 1000 元,900 元也是旅客 2 的严格劣策略,由此,我们可以预测旅客 1 和旅客 2 分别会选择 800 元。

在上述推理过程中,我们第一轮剔除了严格劣策略 1000 元;在此基础上,我们第二轮剔除了策略 900 元,最后得到唯一的预测:(800 元,800 元)。我们称这一推理过程为重复剔除严格劣策略。通过重复剔除严格劣策略的方式得到的唯一解为重复剔除严格劣策略解。这个博弈的结果类似于囚徒困境,双方的理性选择导致了一个集体无效率的结果。

不过,这里不单单要求参与者是理性的,而且要求理性是共同知识。只有在该条件下,我们才能剔除元博弈中的严格劣策略,将博弈简化,然后进行下一步的剔除。

【课堂游戏】猜平均数 2/3

教室中 N 个同学每个同学都在 0—100 之间选择一个数 x_i,如果谁选的数字离所有同学所选数字的平均数的 2/3 最接近,谁就赢得博弈。

问题:你会猜什么数字?

2.3 囚徒困境:一般形式

2.3.1 囚徒困境基本特征

"囚徒困境"不单单是两个囚徒所面临的特殊问题,而是反映了人类社会可能面对的一类合作失败问题,这种合作失败情形与缺乏信任、信息不对称所导致的合作失败存在本质的区别。从囚徒困境的分析中,我们可以看到囚徒困境博弈的两个基本特征:

特征一:(合作,合作)对双方来讲是集体最优的选择,而(不合作,不合作)是集体无效率的结果。

特征二:不合作是个体的占优策略,理性的个体会选择占优策略"不合作"。

由此形成典型合作失败情形:个体理性选择导致合作失败,得到一个社会无效的结果。

我们按这个条件构建一个一般性的两人博弈,支付矩阵见图 2.8,要构成一个囚徒困境,支付矩阵的参数应该满足[①]:

(1) $f>m$,$n>e$:不合作是参与者 1 和 2 的占优策略;

(2) $m>n$:(合作,合作)是集体最优选择;

参与者 2

	合作	不合作
合作	m,m	e,f
不合作	f,e	n,n

参与者 1

图 2.8 囚徒困境

第一类合作失败:囚徒困境

尽管合作是集体最优选择,但不合作是每个理性参与者的占优策略。

[①] 为简化表述图 2.8 的支付矩阵表示的是一个对称的博弈,实际博弈可以有不对称性,但不影响我们这里的讨论。

2.3.2 生活中的囚徒困境

本章一开始我们列举了三个故事,它们都是典型的囚徒困境,这些例子反映出囚徒困境在我们生活中的普遍性。

- 长江渔业资源的枯竭。长江以及流域内丰富的渔业资源养育了流域内数十万渔民。面对丰富的公共渔业资源,每个渔民的最优选择是什么?有节制地捕鱼?还是购置先进渔船与工具扩大自己的捕捞量?显然,不管别人是否购置新设备提高捕鱼能力,自己的最优选择都是尽可能购置设备,提高捕鱼量。最终结果导致过度捕捞,渔业资源枯竭,致使大量渔民失业!这是一个典型公共资源使用中的囚徒困境。如果每个渔民能够有节制,保持长江生态平衡,那么每个渔民都能够持续地以长江为生。这个问题在不断有新渔民加入的情况下会更加严重。

- 国际贸易战。国际自由贸易有助于提高全球资源配置效率,促进全球经济发展。但是,如果在其他国家都征收低关税的情况下,一个国家提高关税,可以增加本国就业(将失业输出到其他国家),对于短视政客而言,这是一个不错的政治选择。而当其他国家都征收高关税时,本国无疑也要以高关税来回应,以保护本国企业。所以,贸易战一直是困扰国际贸易的幽灵,往往在经济不景气时,这个幽灵就会出现在世界经济之中。当然,我们也要注意到,当贸易国之间经济差距比较大时,自由贸易也并不一定构成帕累托有效。

- 教育内卷。教育焦虑是困扰无数家庭的一个社会问题,大多家庭都被一种无形的力量推动着,不知不觉"卷"起来。孩子马上要上小学了,是否让孩子提前学一点?上了小学,是否给孩子加点课外作业,报个辅导班?这是一个社会群体性的囚徒困境问题。

- 推荐信为何失去了价值。推荐信曾经是证明被推荐人能力的一个重要依据,尤其是大家在申请硕士项目时,往往要求提供推荐信。但逐渐的,大家会发现,推荐信已经成为一种形式要件,你一定要提供,但是似乎没人认真阅读推荐信。因为负责录取的老师发现,推荐信都写得太好了,甚至出现高度雷同,失去了推荐意义。每年我自己也要帮学生写不少推荐信,我也知道我夸大了他们的优秀品质。大家应该可以理解我的处境,既然答应帮同学写推荐信,总希望尽可能地帮助申请人。一般来说，要达到这个目标，适当地夸大才能达到预期的效果，所以，推荐信至少应该稍微美化一下被推荐的对象。当然，如果每个人都这样做，就会出问题。如果每个人都夸大其词，那么，当推荐信说申请人还不错时，看的人就会认为这个申请人其实不行。此时，推荐人就陷入了一种囚徒困境，如果别人不美化、不夸大，你的推荐信美化一下申请人，那么被你推荐的申请人被录取的可能性会提高；如果别人都夸大，你如实写就显得很负面，你的最优选择也是夸大。当大家的推荐都是被夸大时，就会大大降低推荐信的价值，使其失去帮助学校筛选优秀申请人的作用。

• 价格战困境。2020年滴滴与快的在网上打车平台市场上展开了大规模的补贴大战，双方为了争夺网约车订单，给乘客各种补贴，竞争持续近一年，烧掉双方数十亿资金。当时的情形下，双方都骑虎难下，打车平台具有很强的网络效应，一个平台上的司机越多，就能够吸引更多的乘客使用该平台；而乘客越多，那么会有更多的司机进驻这个平台。所以，谁能够吸引更多的司机和乘客，谁就能够生存下来。价格不同无疑是吸引司机和乘客的有效手段，但是大家都补贴时，效果就打折扣了，尤其是当司机和乘客可以持有多个打车平台时，补贴战的意义就下降了，真正成为两败俱伤的囚徒困境。当然，并不是所有的价格战都是囚徒困境，我们看到不少企业成功运用价格战获得市场优势地位，也有新进入企业运用价格战侵入市场。囚徒困境性质的价格战更多地发生在旗鼓相当的企业之间的竞争中。

【练习2.3】合伙博弈

阳光与海生两位年轻人一起辞职成立了一家咨询公司。他们同意保持一年的合伙关系，平分公司的利润。企业的利润取决于他们的行为：如果他们两都努力工作，新公司将获得的利润为200万元；如果其中一人努力，一人偷懒，那么公司的利润为160万元；如果两个人都偷懒，那么公司的利润只有120万元。只有当努力可以给他们带来25万元的额外收入时，每一个人才愿意努力工作，即努力的成本为25万元。

问题：请通过支付矩阵表示"合伙博弈"，并分析该博弈是否构成"囚徒困境"。

2.3.3 囚徒困境与社会福利

在讨论价格战时,有读者会想,价格战对消费者不是一件好事吗?怎么说是合作失败?所以,这里要说明一点,囚徒困境中所说的集体无效率结果,仅仅针对囚徒困境中博弈参与者而言。如果说考虑到消费者,那么就是在一个更大的博弈范畴中去分析的问题。就如国际石油市场上,石油净进口国与净出口国之间的博弈来讲,石油输出国之间的价格战显然会使净进口国受益。所以,在讨论囚徒困境时我们需要清晰界定博弈的参与者。参与者不同就意味着不同的博弈,对博弈结果的福利评价也会产生变化。比如,企业之间的价格合作会损害消费者的福利,而企业内部员工之间锦标赛制度下员工之间的默契合谋则会损害企业的利益,所以,我们在进行福利评价时首先要明确是"谁"的福利,评价视角不同,得到的结论也会有差异。囚徒困境中的合作失败主要就囚徒困境的博弈参与者而言。

对于博弈参与方无效率,并不意味着对社会一定无效率。从第三方来看,有时这种合作困境恰恰是他所希望看到的。就如在 GPA 激励机制下同学们为 GPA 而努力的情形、在奥运奖牌激励体系下奥运健儿的拼搏等,这些都是我们常见的锦标赛激励机制下博弈参与者之间的囚徒困境。我们将在第 8 章讨论激励机制时再来详细展开分析。

2.4 如何走出囚徒困境

"别的动物也具有智力、热情,理性只有人类才有。"——(古希腊)毕达哥拉斯

"以理听言,则中有主。"——(明)陈继儒

"照耀人的唯一的灯是理性,引导生命于迷途的唯一手杖是良心。"——海涅

从中外先贤们的字里行间,我们可以感受到自古以来人类对理性的推崇与追求。尤其是启蒙运动以理性为中心,从根本上改变了人们对世界的认识方式,并以此为基础来重建全新的社会结构和运行逻辑,以及支撑这一切的知识体系。

在囚徒困境中恰恰是个人的理性选择导致了一个集体无效率的结果,这无

疑对"理性"提出了一个严重挑战！人类能否凭借自己的"理性"走出囚徒困境就成为"理性"自我救赎的一个重要命题。

上述诸多构成囚徒困境的例子同时也向我们揭示了解决囚徒困境的基本思路，我们在这里先做简单讨论，在随后的章节中详细展开。

2.4.1 引入监督者

面对长江渔业资源的枯竭，2019 年 12 月 2 日农业农村部发布《长江流域重点水域禁捕和建立补偿制度实施方案》，实施建国以来最为严格的禁渔，以便修复长江生态系统。引入第三方监督，比如国家的干预，是解决囚徒困境问题的一种最为直接的方式。为了维持监督制度，监督者会对每个参与者收取一定的费用 T，如果发现谁不合作，那么就会对他进行惩罚，使其支付减少 K，由此图 2.8 的博弈转化为图 2.9 的博弈。

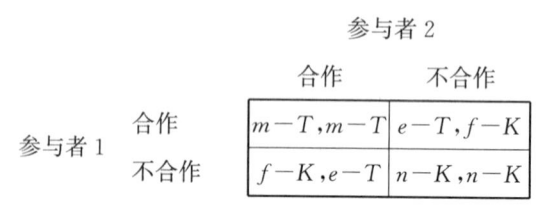

	合作	不合作
合作	$m-T, m-T$	$e-T, f-K$
不合作	$f-K, e-T$	$n-K, n-K$

图 2.9　引入监督后的囚徒困境

如果费用 T 不是很高，而 K 足够高，满足：$m-T>f-K$，$e-T>n-K$，那么合作就会成为参与者的占优策略。不同于具有强制执行能力的政府，市场中处于囚徒困境的各方也会协商设立非政府组织来协调各方行为，比如石油输出国组建的 OPEC、各种行业协会等，联合国是全球最大的一个国家之间的协调组织，WTO 就是为了遏制国际之间的关税困境而成立的一种协调机制。这些都是人类社会为走出囚徒困境而做出的努力与探索，不过这一制度的运行存在两个问题：

问题 1：监督者能够执行惩罚的前提是：不合作行为是可以证实的。

如果一项合作问题中，合作与否不能被观察，或者说可观察但是不能向第三方证实其"不合作"行为，那么，监督者也就无法执行监督行为。比如，面对基础教育中的提前学、加量学习等行为，政府能够禁止公开的商业化培训行为，但是对于家长自己安排的，以及地下的课外辅导，政府却无能为力。

问题 2:要求监督者有激励,而且有能力去监督,并执行惩罚。是否会出现监督者收取费用而不执行监督?这里监督者实际上是所有参与者的代理人,大家请一个代理人(监督者)来帮助解决相互之间的囚徒困境问题,此时就产生相应的代理问题,我们将在第 8 章详细讨论与代理相关的问题。同时,我们在 WTO 参与贸易争端的协调中经常发现,当一些大国不遵守规则时,WTO 协调机制可能出现瘫痪。

2.4.2 关系长期化

如果囚徒困境博弈不是一次性的,比如在推荐信困境中,我写给朋友的推荐信应该会比我写给陌生人的有效果,这显然不是因为我的朋友知道我特别诚实,而是因为我对朋友说实话的动机比较强。我大概一辈子都不会有求于那些看我信的陌生人,所以就算他们发现我对他们说了谎话,我也不可能有太大损失。可是,如果我推荐的学生表现得不像我保证的那么好,朋友可能就会不谅解我,以后不会再相信我的推荐,既然我不希望朋友讨厌我或者希望保持自己未来推荐的机会,所以当我知道谎话会被拆穿时可能的后果,我就不会对他们说谎。关于长期关系对合作动机的影响我们将在第 5 章中详细介绍。

2.4.3 一体化

滴滴与快的补贴战最后的结局是两家公司合并,这是解决囚徒困境的一种最为直接的方式,一体化后的联合行动可以避免分散决策所导致的合作失败。但是,这种方式的局限性也是很明显的。一方面,要求囚徒困境中的参与者数量比较少,这样才可能合并,如果设计数十万的渔民,显然一体化的成本会很高;另一方面,要求参与主体的决策权或所有权是可交易的,而个人之间的囚徒困境,无论是教育内卷中的学生,还是竞技体育中的运动员,参与主体都是不可交易。而且,即使参与者数量少、参与主体可交易,交易中涉及到利益分配也会妨碍合并进程,滴滴与快的的合并得利于背后资本的推动。

2.4.4 社会规范

在图 2.1 中的囚徒困境中,如果两个囚徒是亲人,他们支付矩阵与行为是否会不同？答案是显然的。在实际生活中，我们每个人的行为一方面受到基于自己所得的理性计算的影响，同时，也有一种声音在指引你："应该这样做，不应该那样做"，当我们偏离后者时，即使没有外来的惩罚，我们内心也会感受到一种负面的情绪或效用。我们个人总是在综合权衡两者所带来的福利后做出最后的选择。这也是为什么我们强调理性选择不等价于自私自利。

"应该这样做，不应该那样做"所指向的行为准则就是我们作为社会或某个群体一员所认同的行为规范，一般称其为社会规范。有些社会规范是整个社会成员普适性的行为准则，比如诚信、关心他人、为社会作奉献等；有些是特定群体或身份的行为规范，比如作为一位母亲、一个教师或者一名军人的基本行为准则。当我们违反这些社会规范时内心会产生一定的负面情绪，同时当我们受到别人违反社会规范行为影响时，也会有负面的情绪。

社会规范以及我们对这些规范的认同有助于社会成员走出囚徒困境，而且也不止于就解决囚徒困境中的合作失败。我们将在第6、7和12章中分别讨论社会规范对促进合作的重要作用。

本章要点

- 用策略式博弈表述一个博弈，需要有以下三个要素：参与者、策略集与支付函数。
- 理性参与者不会选择严格劣策略，同时会选择严格占优策略；
- 在理性是共同知识的前提下，我们可以运用重复剔除严格劣策略的方式预测博弈结果；
- 构成囚徒困境的关键要素是：参与者都选择合作是集体有效结果，但是不合作是理性参与者的严格占优策略；
- 囚徒困境对于博弈参与者而言是合作失败，但有时机制设计者或第三方恰恰可以利用囚徒困境的性质来防止博弈参与制的合谋（不利于社会或第三方的合作）从而改进社会福利。
- 面对囚徒困境，政府直接干预在一定条件下能够解决问题，但也有局限性。人类社会演化出许多基于理性力量的其他解决路径，这将是本书重点讨论的主题。

案例思考

2.1 双减政策

中国家庭普遍面临子女教育焦虑,基础教育中对优质教育资源的竞争日趋激烈,普遍存在提前学、加量学的现象,形成教育"内卷"。一方面学生课业负担沉重,影响孩子健康成长;另一方面,校外培训机构蓬勃发展。2021年7月,中共中央办公厅、国务院办公厅印发《关于进一步减轻义务教育阶段学生作业负担和校外培训负担的意见》并提出双减,即减轻义务教育阶段学生作业负担、减轻校外培训负担。

(1)请运用本章的知识解释为什么在基础教育中家庭会陷入这种"内卷"?

(2)改革开放以来,教育资源供给不管是数量还是质量都在提升,中考升学率和高考升学率也在普遍提高,为什么基础教育中的内卷程度不断提高?

(3)双减政策极大限制了校外培训机构的发展,根据你的观察与分析,这种限制会对基础教育产生怎样的影响?

2.2 崇祯募捐

明末李自成起义军即将兵临北京城下,崇祯皇帝希望各地政府军队来勤王,但是各路勤王军多以没有军饷为由不支援北京。此时,明朝政府本身国库空虚,崇祯希望北京城的官员、富商能够捐款来筹集军饷,抵御起义军的进攻。但当时北京城的官员或富人多以家中没钱为理由,只捐出非常少的军饷,崇祯希望其岳父周奎做个表率,但周奎很不情愿地只拿出了5000两白银,最终在女儿(皇后)的资助下捐了8000两白银,最终崇祯只募集到20多万两白银,未能有效构筑城防体系。李自成起义军破城后,对原明朝官员和富商进行了抄家,累计获得7000多万两白银。

2.3 职业运动员限薪政策

在中国足球协会、美国NBA联盟以及欧洲足球联盟中普遍存在各种限薪政策,同时,各个联盟的限薪程度存在很大的差异。

现在考虑一个职业球赛的联盟,假设该联盟中有两家俱乐部:泰山俱乐部和黄山俱乐部。每一方都有两种选择：根据协会的规定向运动员支付薪酬，或者超额支付。如果泰山和黄山都遵守协会的薪酬标准，每个俱乐部将获得5000万元的利润，如果有一家俱乐部遵守，而另一家俱乐部超额支付薪酬，那么超额支付薪酬的俱乐部将吸引更多优秀的运动员，获得8000万元的利润。另一家遵守协会规定的俱乐部则只能获得2000万元的利润。如果两个俱乐部都超额支付，将增加双方的薪酬成本，但并不能获得更多的优秀运动员，所以两个俱乐部的利润都为3000万元。

（1）假设两家俱乐部在不知道对方行动的情况下做出决策。构建一个策略式博弈来分析泰山和黄山两家俱乐部的选择。

（2）如果两家俱乐部同时行动，请预测俱乐部的选择，为什么？

（3）该体育协会通过俱乐部的协商，一致同意制定薪酬管制政策，规定："协会可以惩罚超额支付薪酬的俱乐部"，如果是你来提出惩罚力度的建议，你会建议多大的惩罚力度？为什么？

（4）请结合NBA、欧洲足球联赛、中国足球联赛的薪酬政策，分析为什么NBA存在较为严格的薪酬管制，而欧洲各国的足球联赛没有如此严格的薪酬管制？中国足球联赛是否有必要实施薪酬管制？为什么？

2.4　皇帝的新装

安徒生的"皇帝的新装"是我们耳熟能详的一个童话故事。请你从博弈视角解读这个骗局的逻辑，为什么能够成功？

第 3 章

协调与合作

3.1 投资博弈

【课堂实验】投资博弈

班上要进行一次众筹投资项目,每个同学同时决定"投资 10 元"或"不投资"。项目成功的条件是班上有 90% 的人选择了"投资"。

如果你选择"不投资",那么不管项目成功与否,你的支付都为 0。

如果你选择"投资",那么,当超过 90% 的人也选择了"投资",那么会得到 5 元的利润(即得到本利 15 元);当选择"投资"的人数低于 90%,那么就会失去 10 元的本金,即亏 10 元。

问题:请选择"投资"或"不投资"。

我们用支付矩阵(见图 3.1)来描述两个参与者之间的投资博弈。双方都选择投资,对于集体来讲是一个更有效率的结果,而(不投资,不投资)则是一种无效率的结果。

		参与者 2	
		投资	不投资
参与者 1	投资	5,5	−10,0
	不投资	0,−10	0,0

图 3.1　两人之间的投资博弈

表 3.1 报告了课堂上近年来投资博弈实验中选择"投资"或"不投资"的比例。我们看到，在系列课堂实验中，尽管有相当一部分的同学选择了"投资"，但是，选择不投资的比例都超过 20%，导致投资失败。在观察到第一轮博弈中合作失败的结果后，进行第二轮实验，大家可以预期选择投资的比例会大幅度降低，如果再重复几轮，那么所有参与者都会选择"不投资"。

表 3.1　　　　　　　　　　近期课堂实验结果

时间	班次	选择投资的比例
2024.3	0360	68%
2024.3	0480	47%
2023.3	1242	36.6%

3.1.1　纳什均衡

实验的结果显示"投资失败"，那么，这是否构成了一个囚徒困境？根据上一章的介绍，囚徒困境中个人理性选择导致了合作失败，参与者之所以选择不合作，是因为不合作是他们的占优策略，是理性参与者的占优策略。但是在投资博弈中，我们可以看一下，对于每个参与者来讲，没有占优策略，自己是否选择投资或不投资，完全取决于对他人策略的预期。如果预期对方会投资，那么自己的最优反应是投资，如果预期对方不投资，那么自己也选择不投资。所以说，这里面投资与不投资都不是占优策略。此时，我们在这个实验中选择不投资，主要的原因是预期别人会不投资。

（不投资，不投资）就成为两个参与者互为最优反应的策略组合，1 预期 2 不投资，自己选择不投资，同时，2 实际也选择不投资，所以，1 对 2 策略的预期与 2 的选择是一致的，没有发生预期错误，不会调整策略，形成一组稳定的策略选择。我们称具有这种稳定性的策略组合为纳什均衡①。在纳什均衡中,每个参与者基于自己对他人策略的预期进行了最优选择,而且他们的预期都是正确的,与其他人的策略选择一致。所以,构成纳什均衡两个要点:

• 最优反应:每个参与者对其他参与者的选择形成一个预期,并基于该预期做出最优反应;

• 一致预期:每个参与者的预期是正确的,即他对其他参与者选择的预期与其他参与者实际选择是一致的。

【概念】纳什均衡

一个策略组合 s^* 是一个纳什均衡,如果对所有的参与者 i 都有:
$$U_i(s_i^*, s_{-i}^*) \geqslant U_i(s_i, s_{-i}^*) \quad \forall s_i \in S_i, i=1,2,\cdots,N$$

在纳什均衡中,每个参与者都在一致预期下做出了最优反应,所以,纳什均衡策略也就是互为最优反应的策略组合,每个参与者都没有激励去调整自己的策略,或者说没有单方偏离激励。反之,(投资,不投资)这个策略组合中,参与者 1 基于"2 会投资"的预期,选择了投资,但是 1 的预期是错误的,所以,预期一旦变化,就会调整自己的策略选择,所以,(投资,不投资)是不稳定的,不构成均衡。

现在我们换一个角度来理解纳什均衡。假如在博弈之前,所有的参与人就博弈中的策略选择达成一个协议。在没有外部强制执行的情况下,每一个人是否有积极性自觉遵守这个协议?如果每个人在预期他人不会违背协议的情况下,都有积极性遵守这个协议,那么该协议就构成一个纳什均衡。所以,纳什均衡具有自我实施性质,如果所有人都认为这个结果会出现,这个结果就真的会出现。其中重要的一个前提是参与者的信念和选择是一致的,基于信念的选择是合理的,同时支持这个选择的信念也是正确的。

---

① 纳什均衡以此概念的提出者约翰·F. 纳什(John F. Nash,1928—2015)命名。1950 年纳什在他的博士论文中提出了"纳什均衡"。这一概念影响深远,成为博弈论中最为核心的概念,极大地推动了博弈论的发展及在社会科学领域中的应用。1994 年,纳什教授和其他两位博弈论学家海萨尼和泽尔滕共同获得了诺贝尔经济学奖。

【练习 3.1】请找出下列博弈的纳什均衡

参与者 2

		L	C	R
参与者 1	T	7,7	4,2	1,8
	M	2,4	5,5	2,3
	B	8,1	3,2	0,0

图 3.2

3.1.2 均衡与效率

根据这一标准检验每一个策略组合,我们可以得到:(投资,不投资)和(不投资,投资)都不是纳什均衡,而(投资,投资)也是纳什均衡。

在投资博弈中,(投资,投资)和(不投资,不投资)都是纳什均衡,显然,(投资,投资)是帕累托有效的结果,而(不投资,不投资)则是集体无效率的结果。在历次课堂实验中,我们可以看到实验结果中都出现了投资失败的情形,而且随着实验次数的增加,参与者的选择会收敛到(不投资,不投资)这一无效率结果。

第二类合作失败:预期协调失败

博弈存在合作的纳什均衡,但是由于博弈各方预期协调失败导致没有实现合作。

那么,为什么没有实现集体有效的结果?这里的关键是预期的协调,每个人都想合作,但是预期有部分人不合作而导致投资失败,最终选择不合作。这是一种有别于囚徒困境的合作失败情形。在囚徒困境中,虽然合作也是有效率的结果,但是每一方都没有合作的激励,都想搭别人的便车。但是在投资博弈中,每一方都有合作的激励,但是仅仅因为对他人的合作缺乏信心而放弃合作。所以,此时的关键是协调预期。

所以,纳什均衡并不一定是帕累托有效的策略组合。比如在囚徒困境中,(坦白,坦白)是占优策略组合,同时也是该博弈唯一的纳什均衡,根据第二章的讨论,该结果是集体无效率的。囚徒困境是由于个人理性导致了集体无效率的结果,但是,在投资博弈中,参与者的预期一旦协调到了不投资的均衡,那么就会导致合作失败。从实验的结果我们看到,一旦第一次协调失败,第二轮、第三轮实验中,选择合作的人会越来越少,最终收敛到(不合作,不合作),而且很难再走出该困境。我们称这种路径或制度不断自我强化的现象为路径依赖[①],一旦一个群体做了某种选择,一种无形的惯性力量会使这一选择不断自我强化,并使得这个群体或社会很难偏离。

3.2 标准竞争

许多产品存在一个标准兼容性问题,需要遵循某种特定的技术标准。如果标准多样,使用效率降低,甚至根本没有办法使用。比如智能手机的充电口与充电线,如果充电接口标准不统一,不仅给消费者带来不便,也增加整个社会的生产成本。反之,统一接口,消费者就方便多了。

类似地,不同地区之间的货币、文字等差异,会增加地区之间人员交流与贸易的成本。春秋战国时期,各地诸侯国都有发行货币的权力,比如秦国使用秦半两,而齐国则发行刀币,每个诸侯国都从货币发行中获得可观的铸币税。对于买卖双方来讲,统一使用一种货币能够极大降低交易成本。对于统一使用哪一种货币并不一定要明显地排序。图3.3中的支付矩阵刻画了买卖双方使用货币的博弈情形。该博弈存在两个纳什均衡(秦币,秦币)和(齐币,齐币),使用同一种货币节约交易成本,实现共赢,反之存在货币的兑换,双方都有额外的成本。

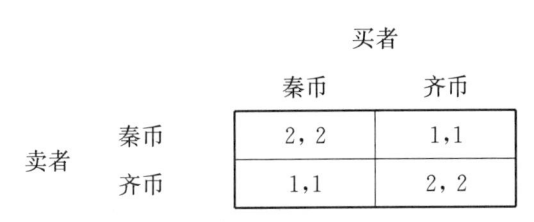

	买者 秦币	买者 齐币
卖者 秦币	2, 2	1, 1
卖者 齐币	1, 1	2, 2

图 3.3 货币协调 I

[①] 道格拉斯·诺斯《经济史中的结构与变迁》一文运用"路径依赖"理论成功地阐释了经济制度的演进,道格拉斯·诺思于1993年获得诺贝尔经济学奖。

但是,对于控制货币发行的诸侯而言,统一货币在促进本国经济的发展同时,统一到哪一种货币就很重要了,发行货币可以获得铸币税,统一货币后铸币税如何分配就变得十分重要。如果统一到秦国的货币,齐国失去铸币税,那么,齐国在货币统一中受损;反之,统一到齐国刀币,则秦失去铸币税。我们用图3.4的支付矩阵描述两个诸侯国之间的货币协调博弈。如果铸币税足够大,同时缺乏铸币税的再分配方案,那么,每个诸侯坚持自己的货币是各自的占优策略。

历史上,这种博弈协调可能的几种结果:

• 秦灭六国,统一使用秦货币制度。这种方式尽管冲击了其他诸侯贵族的利益,但是对于促进全国经济发展具有跨时代的意义。

• 成员之间协商使用统一货币,比如欧元区。1999年1月,20个欧盟国家开始实行单一货币欧元和在实行欧元的国家实施统一货币政策。2002年7月,欧元成为欧元区唯一的合法货币。但是,放弃本国货币不仅放弃相应的铸币税,更重要的是放弃了本国独立的货币政策,在当今经济中货币政策是关键的宏观经济调控工具之一。所以,自欧元区成立以来就有不少反对的声音,英国自2013年来就一直推动脱欧,并于2020年正式脱欧。

		齐国 秦币	齐国 齐币
秦国	秦币	10,3	5,5
秦国	齐币	4,4	3,10

图3.4 货币协调 II

3.3 猜硬币博弈:混合策略

3.3.1 混合策略

在前面讨论的纳什均衡中,参与者都选择了确定的行动,每个参与者对他人行动的预期也是确定的。我们都玩过石头—剪刀—布游戏,在这个游戏中我们试图去猜别人会出什么,同时尽可能不要让别人猜中自己的选择,让自己的选择显得不可预测！这意味着我们的策略本身包含随机性，我们称这类行动不确定性的策略为混合策略。

现在考虑两个人玩猜硬币游戏，参与者 1 可以选择正面（H）或反面（T），参与者 2 看不到 1 的选择，他要猜正面或反面，如果猜到了，那么参与者 1 输 1 元，参与者 2 赢 1 元；如果猜错了，那么参与者 1 赢 1 元，参与者 2 输 1 元，支付矩阵见图 3.5。为了区别于混合策略，我们将之前讨论的没有随机性的策略称为纯策略。比如，在猜硬币博弈中，参与者 1 有两个纯策略：H 和 T，同样参与者 2 也有两个纯策略。

我们看到猜硬币博弈与前面的博弈有两个显著的差异，四个纯策略组合都不是纳什均衡，比如 (H,H) 下，参与者 1 如果预期 2 会猜 H，那么 1 肯定不会选择 H，而是选择 T；同样，如果 2 预期 1 会选择 T，他也不会选择 H，而是选择 T；这样一来，1 又要调整自己的选择了，周而复始，任何一个纯策略组合下总是有人要调整自己的行动，所以，猜硬币博弈不存在纯策略纳什均衡。

参与者 2

	H	T
H	−1,1	1,−1
T	1,−1	−1,1

参与者 1

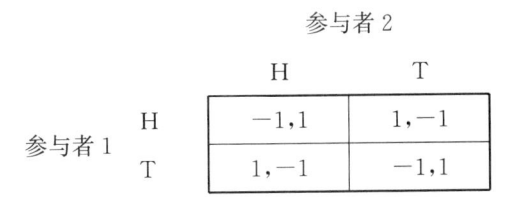

图 3.5 猜硬币博弈

回想我们玩这个游戏时内心的计划，我们不想让对方猜到自己会选择什么，让自己的行动保持一定的随机性，或不可预测性。比如，从参与者 1 角度，他有一定的概率 p 选择 H，以 $1-p$ 的概率选择 T；我们称参与者 1 的策略 $\alpha_1 = (p, 1-p)$ 是参与者 1 的混合策略。混合策略是参与者的一个行动计划，在该计划中具体的行动是不确定的。类似地，参与者 2 也会选择一个混合策略，我们记为 $\alpha_2 = (q, 1-q)$，即以 q 的概率猜 H，以 $1-q$ 的概率猜 T。

3.3.2 混合策略纳什均衡

给定 2 的策略 $\alpha_2 = (q, 1-q)$ 参与者 1 选择纯策略 H 或 T 的期望支付：

$$Eu_1(H|\alpha_2) = q(-1) + (1-q) = 1 - 2q \tag{3.1}$$

$$Eu_1(T|\alpha_2) = q + (1-q)(-1) = 2q - 1 \tag{3.2}$$

所以，如果1选择混合策略 $\alpha_1=(p,1-p)$ 的期望支付为：

$$Eu_1(\alpha_1|\alpha_2)=pEu_1(H|\alpha_2)+(1-p)Eu_1(T|\alpha_2) \tag{3.3}$$

关于 $Eu_1(H|\alpha_2)$ 与 $Eu_1(T|\alpha_2)$ 的相对大小，存在 $Eu_1(H|\alpha_2)>Eu_1(T|\alpha_2)$、$Eu_1(H|\alpha_2)<Eu_1(T|\alpha_2)$ 或 $Eu_1(H|\alpha_2)=Eu_1(T|\alpha_2)$ 三种情况。

(1)如果 $Eu_1(H|\alpha_2)>Eu_1(T|\alpha_2)$，即给定2的混合策略，1发现选择 H 的期望支付大于 T 的期望支付，那么1要最大化自己的期望支付，最优的选择是确定地选择 H，把所有的权重都放在 $Eu_1(H|\alpha_2)$ 上，即 $p=1$。根据前面的讨论，这不可能构成纳什均衡，所以在均衡中不可能出现 $Eu_1(H|\alpha_2)>Eu_1(T|\alpha_2)$。

(2)如果 $Eu_1(H|\alpha_2)<Eu_1(T|\alpha_2)$，类似的，这种情况下1的最优选择是 $p=0$，确定选择 T。同理，$p=0$ 不可能构成纳什均衡，所以在均衡中不可能出现 $Eu_1(H|\alpha_2)<Eu_1(T|\alpha_2)$。

所以，在纳什均衡中一定有 $0<p<1$ 的前提下，如果 α_2 是纳什均衡策略，那么一定满足：

$$Eu_1(H|\alpha_2)=Eu_1(T|\alpha_2) \tag{3.4}$$

同理，给定1的策略 $\alpha_1=(p,1-p)$，参与者2选择纯策略 H 或 T 的期望支付：

$$Eu_2(H|\alpha_1)=p+(1-p)(-1)=2p-1 \tag{3.5}$$

$$Eu_2(T|\alpha_1)=p(-1)+(1-p)=1-2q \tag{3.6}$$

所以，如果2选择混合策略 $\alpha_2=(q,1-q)$ 的期望支付为：

$$Eu_2(\alpha_1|\alpha_2)=qEu_2(H|\alpha_1)+(1-q)Eu_2(T|\alpha_1) \tag{3.7}$$

而且，在纳什均衡中一定有 $0<q<1$ 的前提下 T 如果 α_1 是纳什均衡策略，那么一定满足：

$$Eu_2(H|\alpha_1)=Eu_2(T|\alpha_1) \tag{3.8}$$

由条件(3.4)和(3.8)分别得到：

$$1-2q=2q-1$$

$$2p-1=1-2p$$

由此得到均衡中 $p^*=\dfrac{1}{2}$，$q^*=\dfrac{1}{2}$，所以，猜硬币博弈的混合纳什均衡为：

$\left((\frac{1}{2},\frac{1}{2}),(\frac{1}{2},\frac{1}{2})\right)$。

在上述推理中,我们得到一个关于混合策略纳什均衡的很重要的性质:无差异性质。

> **无差异性质**
> 如果在一个混合策略纳什均衡中,两个纯策略都被赋予正概率,那么,给定其他人的均衡的混合策略,这两个纯策略的期望支付相同,即无差异。

【练习 3.2】
请找出下述"石头—剪刀—布"游戏中的混合策略纳什均衡。

参与者 2

		石头	剪刀	布
参与者 1	石头	0, 0	1, −1	−2, 2
	剪刀	−1, 1	0, 0	3, −3
	布	2, −2	−3, 3	0, 0

图 3.6 猜拳博弈

3.4 鹰鸽博弈:演化稳定均衡

3.4.1 鹰鸽博弈:混合策略均衡

鹰鸽博弈描述了两个人就争夺某一有限资源展开博弈,这里的资源可能是领土、财产、市场或者是生活中的一些碰擦等。每个参与者都有两个纯策略:鹰策略和鸽策略。鹰策略代表强硬不妥协;鸽策略代表温和,妥协让步。双方争夺的资源价值为 v,双方都是鹰策略,则发生冲突,双方各自要付出成本 c,双方都有 0.5 的概率获胜,所以各自的期望收益为 $v/2-c$;如果一方鹰策略另一方鸽策略,鹰策略一方可以得到所有资源 v,而鸽策略一方得到 0;如果双方都是鸽策略,那么平分资源,各自得到 $v/2$,图 3.7 描述了这个博弈的支付结构。

如果冲突的成本比较低,或者资源的价值很高,满足 $c<v/2$;那么该博弈中持有鹰策略就是占优策略。

如果斗争的成本提高,满足 $c>v/2$,那么鹰鸽博弈存在两个纯策略纳什均衡,在这两个纯策略纳什均衡中:一方选择强硬,另一方选择让步。如果预期对方会选择鹰策略,自己的最优选择是鸽策略;如果预测对方会选择鸽策略,自己的最优选择是鹰策略。显然,这里存在严重的利益冲突,不同的均衡代表不同的输赢,每一方都希望自己是赢家。由于这个原因,现实中可能出现两败俱伤(即双方都选择"鹰")的情形。

		参与者2 鹰(A)	参与者2 鸽(P)
参与者1	鹰(A)	$v/2-c, v/2-c$	$v, 0$
参与者1	鸽(P)	$0, v$	$v/2, v/2$

图 3.7　鹰鸽博弈

纯策略纳什均衡可以解释现实生活中参与者根据实际情况灵活选择策略的情形。但我们观察现实社会,可以发现两个不同于这种均衡的现象:(1)生活中某些人个性就是比较强硬,而有些人个性就是比较温和,并不是选择欺软怕硬;(2)一个地区总是有一些人比较强硬,而有一些人则比较温和。如果我们用强硬个性的比例来度量一个地区的"民风",我们会发现地区之间民风彪悍程度差异很大。那么,如何来解释这种两种类型共存的社会形态,以及什么因素影响着不同地区民风的差异?

我们可以尝试用混合策略纳什均衡来解释上述问题。我们记博弈中参与者的混合策略为:$(q, 1-q)$,直接的含义是参与者以 q 的概率选择鹰策略,以 $1-q$ 的概率选择鸽策略。这一解释可能不怎么直观。我们试想在一个地区,你可能会与他人发生不同程度的冲突,进行类似的鹰鸽博弈,事前你不知道会碰到强硬的人还是温和的人,但是你会根据自己的经验或当地的民风,形成一定的预期:有 q 比例的人是强硬的,$1-q$ 比例的人是温和的。也就是说,此时 q 表示人群中鹰类型的参与者比例。

如果社会中两类人都有,即 $0<q<1$,那么,我们可以运用混合策略纳什均衡的无差异性质来分析均衡特征。假设 q 是混合策略均衡中鹰类型的比例,鹰

类型和鸽类型各自的期望收益如下：

$$Eu(A|q)=q\left(\frac{v}{2}-c\right)+(1-q)v \tag{3.9}$$

$$Eu(P|q)=q\cdot 0+(1-q)\frac{v}{2} \tag{3.10}$$

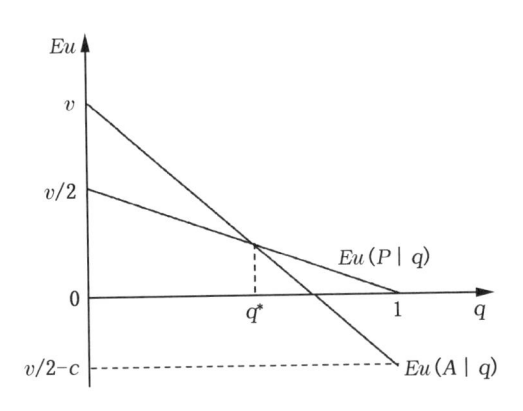

图 3.8　策略类型与期望收益

根据无差异性质，两种类型的参与者的期望收益相同。对这一性质意味着在社会进化的稳定状态下两种类型的人具有相同的竞争优势。也就是，从社会演进的角度，如果民风是稳定的，那么在该民风下两类人是过得一样好，即

$$Eu(A|q)=Eu(P|q) \tag{3.11}$$

由此得到：$q^*=\dfrac{v}{2c}$。根据均衡中强硬类型的比例 $q^*=\dfrac{v}{2c}$，我们可以对不同地区民风给出一个直观的解释。

(1)双方所争夺的资源价值越大，那么鹰类型的成员比例会越高。在狩猎时代，两个猎人争夺的猎物对双方而言可能涉及双方家庭的生存问题，其价值会很高，在这样的社会环境中持有鸽子策略处于劣势。而在一个有比较完善的社会保障制度的当代社会中，纠纷中的 v 相对个体而言会下降，相应的鹰类型比例就会下降。一般而言，鹰类型成员的比例会降低，但并不会绝迹。

(2)当斗争成本上升时，鹰类型的成员比例会降低。斗争成本除了斗争可能会产生的损伤外，也涉及时间机会成本。所以，随着收入水平的提高，相对而言，鹰类型成员的比例会下降。

3.4.2 演化稳定均衡

在均衡状态下,如果有一小部分强硬的成员发生变异或者说该群体中来了一些温和的外部成员,打破了原来的均衡,使得 $q<q^*$,那么这个社会中两类人的比例会发生怎样的变化？如图 3.8 所示,当 $q<q^*$ 时,有 $Eu(A|q)>Eu(P|q)$,即当社会中强硬类型的人比较少时,发生直接冲突的概率降低。此时强硬类型的人要比温和类型的获得更高的期望收益,从而获得更大的进化优势,所以,在社会进化中强硬类型的比例会上升,向均衡水平收敛。

反之,如果因为变异或外来强硬成员的加入使得强硬的比例超过了均衡水平,即 $q>q^*$ 时,有 $Eu(A|q)<Eu(P|q)$。此时,强硬类型的人比例过高,直接冲突可能性提高,使得强硬类型的期望收益低于温和类型的期望收益,在社会进化中由于温和类型的人具有更大的进化优势,使得温和类型的人比例上升,强硬类型的人比例下降,重新向均衡收敛。

所以,在鹰鸽博弈的混合策略纳什均衡下,即使有一小部分人偏离均衡或者受到外来扰动,社会进化的力量会促使社会中不同类型的比例恢复到均衡水平,我们称这类均衡为演化稳定均衡。所以在均衡中两种类型的人都存在,构成一个多态型的社会。

3.5 狩猎博弈:信任与合作

法国哲学家让－雅克·卢梭曾讨论这样一种情境,即在采取安全的行动还是与他人一起努力以获取更大收益之间进行选择。为了更直观分析这个问题,我们考虑以下狩猎博弈,有两个猎人,即参与者 1 和参与者 2,他们每人都可以选择猎鹿(S),或者选择打野兔(H)。猎鹿是一件很有挑战性而且需要相互合作,如果只有一个人猎鹿,胜算几乎可以忽略,而打野兔是一个人就可以完成的事情,不需要两个人合作来完成。因此猎鹿对整个集体更有效,但是需要猎人之间彼此"信任",彼此相信其他人会和自己一起全力以赴。这个博弈常被称为猎鹿博弈,可以由下面这个矩阵来描述:

		猎人2	
		鹿(S)	兔子(H)
猎人1	鹿(S)	5,5	0,3
	兔子(H)	3,0	3,3

图 3.9 狩猎博弈

这个博弈有两个纯策略均衡：(S,S)和(H,H)。从双方的支付可以看到，均衡(S,S)帕累托优于均衡(H,H)。那么，为什么(H,H)也会成为一个合理的预测呢？这的确是纳什均衡概念的优势所在。如果每一个参与人都预期到其他人不会一起努力，那么他知道单独一人出去猎鹿几乎不可能成功，所以打野兔就会更好。这一信念最终导致个人主义的社会无法通过合作来取得更好的结果。与之相对照，如果所有参与人预期其他人会和他一起合作去猎鹿，那么，最终结果就是成功合作。所以，这一预期具有自我实现的性质。

在这个博弈中同样存在另一个均衡：混合策略纳什均衡。猎人1的策略为：$(p, 1-p)$，猎人2的策略为$(q, 1-q)$，而且 $0 < p, q < 1$。根据混合策略纳什均衡无差异性质，我们有：

$$Eu(H|q) = Eu(S|q) \tag{3.12}$$

$$Eu(H|p) = Eu(S|p) \tag{3.13}$$

由此得到 $p^* = q^* = \dfrac{3}{5}$。

不同于鹰鸽博弈，当猎人对其他猎人的信任程度偏离均衡值时，猎人的行为会向两个纯策略纳什均衡收敛，而不是恢复到均衡水平。比如 $q < q^*$ 时，猎人1选择野兔的期望支付要高于猎鹿，所以就会选择 $p = 0$，而不会回到均衡水平；同样当 $q > q^*$ 时，猎人1选择猎鹿的期望支付高于野兔，所以会选择 $p = 1$，实现一个好的均衡状态。

这个混合策略纳什均衡中选择鹿的概率表示了双方实现合作所需信任水平的临界值，一旦双方的信任迈过该临界，那么双方就能够实现有效的合作，反之则会陷入不信任的困境。

本章要点

- 纳什均衡是参与者互为最优反应的策略组合,在一致预期下没有单方偏离激励;

- 纳什均衡要成为实际博弈结果,需要参与者预期协调一致,尤其是存在多重纳什均衡情况下预期协调变得尤为重要;

- 混合策略纳什均衡具有无差异性质:一个混合策略纳什均衡中,参与者混合策略中被赋予正概率的纯策略无差异。

案例思考

3.1 QWERTY 键盘

我们目前通用的键盘被称为 QWERTY 键盘(第三行以 QWERTY 开始)。该键盘是很多年以前由打字机发明者为了防止按键卡死而设计的。对于机械打字机来说,当两个位置接近的按键同时按下的时候,会导致用来敲打色带的铅字杠杆之间发生纠结。发明者设计键位的原则是将那些经常连在一起使用的字母(比如"a"和"n")分开排列。但"卡键"对于现代打字机和电脑键盘来说已经不是一个问题。在 20 世纪 30 年代,August Dvorak 和 William Dealey 通过对英语中单词运用的研究,设计了一种新的键盘,被人们普遍称为 Dvorak 键盘。有些人确信学会用这种键盘的人打字速度可以比使用 QWERTY 键盘有显著的提高。但是,QWERTY 键盘现在仍然是标准键盘,为什么?

3.2 草船借箭

《三国演义》中讲述了一个诸葛亮草船借箭的故事。当时,曹操率大军攻打东吴,孙权刘备联合抗曹,周瑜给诸葛亮出了一个难题,让诸葛亮三天之间完成造箭十万支。诸葛亮向鲁肃借了 20 只船及草人,趁夜色大雾之机,开船向曹营。船只靠近曹操水寨时,诸葛亮让船只一字摆开,擂鼓呐喊。曹操听了手下报告后,传令曰:"重雾迷江,彼军忽至,必有埋伏,切不可轻动。可拨水军弓弩手乱箭射之。"待至日高雾散,诸葛亮下令收船急回。二十只船两边束草上,插满箭支,圆满完成任务。

请用混合策略及相关知识解释诸葛亮"借箭"策略和曹操"乱箭射之"策略

的合理性。

3.3 交警与司机

许多城市停车位严重不足，司机如果要找到停车位停车，要走很长的路，如果马路边违章停车，会比较方便，但是有可能被交警发现，要被罚款。交警巡逻时发现有司机违章停车就会开罚单。但交警上路巡逻挺辛苦，他也可以在某个地方休息。

(1) 请尝试写出该博弈的支付矩阵（支付自主合理设定，说明依据），并通过该博弈说明为什么违章停车现象一直存在，在该均衡中交警的巡逻策略是什么？

(2) 根据你所构建的模型，为了减少违章停车现象，你认为可以采取哪些措施？

3.4 保护弱势者文化

随着文明的演进，人类社会逐渐走出"弱肉强食"的丛林法则，慢慢地形成尊重和保护弱势群体的价值文化。请尝试理解这种价值观演变背后的理性逻辑。

在思考这个问题时，可以先考虑如下进门博弈，假设有一道很窄的门，只能允许一个人通过。甲和乙都要过这道门，两人都可以选择"先走"和"后走"，并且其支付状况如图3.10所示：

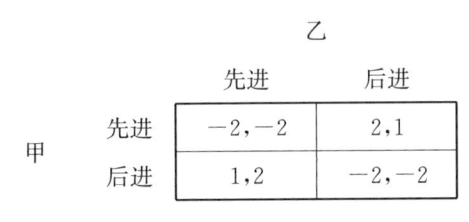

		乙	
		先进	后进
甲	先进	−2,−2	2,1
	后进	1,2	−2,−2

图 3.10

(1) 这个博弈有哪些纯战略纳什均衡？

(2) 现在假设甲乙两人，一个是强者，另一个是弱者（强弱在不同时期有着不同的界定标准）。现在每个参与者可以选择的策略是"强者先行"还是"弱者先行"，请尝试构建相应的支付矩阵来刻画"强者先行"文化与"弱者优先"文化。

第 4 章

可信性与策略行动

- "修辞立其诚,所以居业也。"——《周易·乾·文言》[①]
- "自古皆有死,民无信不立。"——《论语·颜渊》[②]

生活中的博弈往往是多期的,我们对他人未来行动的预期直接影响现在的选择,同样他人也会基于对我未来行动的预期来决定现在的选择。我们经常会给出"承诺"或"威胁"以改变他人对自己未来行动的预期,从而使得对方在当期选择有利于自己的行动。而这种"承诺"或"威胁"的有效性关键在于别人"相信",在于它们的可信性,如果别人不相信,那么就没有意义。这也就是自古以来中国传统文化一直强调"信"的重要意义,如果我们不守信,则无以"居业"、"无信不立"。那么,我们如何获得这种可信性呢? 如何让他人预期你会守信? 这是本章讨论的主题。

- 中国在 2021 年宣布了其碳排放目标,承诺到 2030 年碳达峰,到 2050 年实现碳中和。面对这一承诺,市场会如何反应?
- 华为 2019 年正式成立智能汽车事业部,宣布专注为汽车提供智能解决方案,反复向业界承诺"华为不造车"。华为为什么要承诺不造车? 又如何让汽车制造商相信它未来不造车?

[①] 诸世昌 著:《周易解读》,黑龙江出版社,2009 年版,第 8 页。
[②] 金池 主编:《论语新译》,人民日报出版社,2005 年版,第 347 页。

• "曾子之妻之市,其子随之而泣,其母曰:"女还,顾反为女杀彘。"[①]家长为了引导孩子的行为,经常会向孩子做出类似曾子之妻那样的承诺。有时,家长会面临曾子之妻类似的尴尬,兑现承诺的成本有点高,不兑现以后孩子就不信你了,那么家长如何使得自己的承诺变得更为可信?

4.1 可信性问题

4.1.1 斗鸡博弈

我们来考虑一个斗鸡博弈,也被称作懦夫博弈。两个人在为谁是胆小鬼(懦夫)争论,两人发现光是口头说说无法分辨出谁勇敢,谁是懦夫。为此,他们计划来一场赛车,各自开一辆相同型号的汽车,在一条南北向的车道上,参与者1从北往南开,参与者2从南往北开。如果两个人都不避让(打方向盘),那么就会出现碰撞事故,两个人都会受伤;如果一个人避让了,而另一个人坚持不避让,那么,选择避让的人就会被认为是懦夫,丢了面子;如果两个人都选择避让,谁也不丢面子。从他们个人偏好角度来讲,虽然都想赢得比赛,但丢点面子要比出事故受伤好。如果两个人同时行动,那么我们可以通过图 4.1 的支付矩阵来描述该博弈。

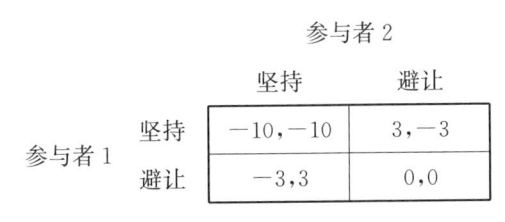

		参与者 2	
		坚持	避让
参与者 1	坚持	−10,−10	3,−3
	避让	−3,3	0,0

图 4.1 斗鸡博弈

在同时行动的博弈中,存在两个纯策略纳什均衡,第一个均衡(坚持,避让)意味着参与者 1 赢;而第二个均衡(避让,坚持)中则是参与者 2 赢。那么,在这个博弈中参与者 1 如何才能赢呢?也就意味着如何让对方相信自己会选择"坚持",绝不会"避让"。

[①] 高华平 译注:《韩非子》,中华书局,2015 年版,第 430 页。

在比赛开始前,两个人可能都会向对方宣布:我绝不会避让。这样的威胁可信吗?是否有效?显然,大家都会这样说,光是说说,似乎没有成本,无法让对方相信自己肯定会"坚持"。那么如何才能让对方相信自己会"坚持"?这也就意味着在比赛开始前或比赛中(碰撞前),参与者 1 需要采取一些实质性行动,让对方相信你会坚持,这相当于参与者 1 获得了博弈的先机,提前采取行动,而且让参与者 2 观察到且确信参与者 1 选择了什么行动。我们通过一个动态博弈框架来分析这个问题。

博弈树:博弈的扩展式表示

我们先通过一个博弈树来描述动态斗鸡博弈,见图 4.2。该博弈树由五部分组成:

首先,决策结点 d_1、d_{21}、d_{22}:结点 d_1 是参与者 1 的决策点,表示 1 在该节点上行动,d_{21} 和 d_{22} 表示参与者 2 的决策节点,决策节点的顺序表示了参与者 1 和参与者 2 的行动顺序,这部分表示博弈的参与者和他们的行动顺序;

其次,枝(行动集),结点 d_1 下面的两条枝分别表示参与者 1 在行动时可以选择的两个行动 a_1:坚持或避让;结点 d_{21}、d_{22} 下面同样分别有两条枝,表示参与者 2 行动时可以选择的行动:坚持或避让;博弈树的枝表示了每个参与者在决策结点上的行动集(能够做什么)。我们记参与者 1 的行动集:A_1={坚持,避让},参与者 2 在结点 d_{21} 的行动集:A_{21}={坚持,避让},在结点 d_{21} 的行动集:A_{22}={坚持,避让};

第三:信息,在博弈中,我们需要明确参与者行动时知道哪些信息,图 4.2 表示参与者 2 行动时,可以观察到 1 的行动,他知道自己是在结点 d_{21} 还是 d_{22};

第四:终点结点(博弈结果)。给定参与者 1 和参与者 2 的行动,博弈可能产生四个结果(坚持,坚持)、(坚持,避让)、(避让,坚持)、(避让,避让);

第五:参与者的偏好,我们用相应的支付来表示每个参与者对四个结果的偏好序。

在上述博弈描述中,有一个很重要的设定:后行动的参与者 2 可以观察到参与者 1 的行动。在动态博弈中,如果后行动者能够观察到先动者的行动,我们称这类博弈为完美信息博弈。这里关键点在于参与者能否观察到其他参与者的行动,在上一章我们讨论的博弈都为同时行动博弈,实质上关键在于参与

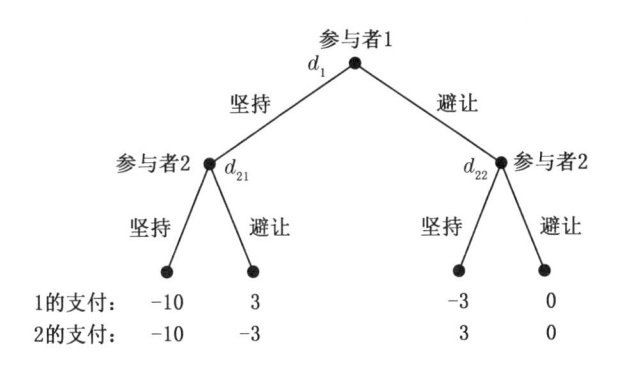

图 4.2　动态斗鸡博弈（博弈树）

者决策时不能观察到其他参与者的行动，而不在于行动顺序是否有先后。如果，作为后行动的参与者 2 无法观察到参与者 1 的行动，那么，尽管行动有先后，实质上是等价于同时行动的斗鸡博弈。对这类博弈，我们同样可以用博弈树来表示。此时，我们需要引入一个概念：信息集。

信息集是对参与者决策结点的子集。如果参与者 2 的两个决策结点 d_{21}，d_{22} 在一个信息集 I_2，意味着参与者无法区分这两个结点，在决策时不知道在 d_{21} 还是在 d_{22}，也就意味着不知道参与者选择了"坚持"还是"避让"。所以我们用信息集可以刻画参与者的信息结构，在画博弈树时，我们往往把同一信息集的结点连在一起来表示一个信息集，比如图 4.3 就表示参与者 2 无法观察到参与者 1 行动时的斗鸡博弈。

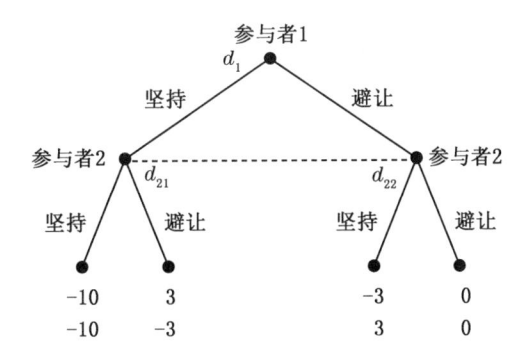

图 4.3　动态斗鸡博弈（博弈树）

【练习 4.1】动态约会博弈

我们将原来两人之间约会博弈扩展为三人约会博弈。参与者 1 首先行动,她要选择是与参与者 2 还是参与者 3 相约一起参加周末的活动。不管选择跟谁相约,如果协调不成功,双方只能得到 0,但是参与者 1 从内心更喜欢与参与者 2 一起。但是她发现,如果选择参与者 2,对方不会提前来问她去哪里,她也不会主动去问,所以,双方将在不知道对方选择的情况下做出选择,四种结果都可能出现。如果选择参与者 3 的话,参与者 3 会主动来问自己想去哪里,然后他会根据自己的选择来行动。

请尝试用博弈树来表示该博弈。

策略与均衡

策略是博弈参与者的一个完整行动计划,在静态博弈中,纯策略等价于行动,混合策略则是一种随机的行动计划。在动态博弈中,同一个参与者可能出现多次行动机会,此时参与者的一个策略就需要设定在不同行动机会下的行动计划,即设定在自己的每一个决策结点上的选择。在图 4.2 的动态斗鸡博弈中,参与者 1 只有一个决策结点,所以,1 的策略 $s_1 = a_1(d_1)$,相应的 1 的策略集 $S_1 = \{$坚持,避让$\}$。参与者 2 有两个决策结点 d_{21} 和 d_{22},所以,2 的策略需要设定在 d_{21} 下的行动 $a_2(d_{21})$ 和在 d_{22} 下的行动 $a_2(d_{22})$,分别记为 a_{21} 和 a_{22}。因此,2 的策略可以表示为:$s_2 = (a_{21}, a_{22})$。因为每个结点上都有两个可能的行动可供选择,所以,2 的策略集 S_2 中有四个可能的策略(行动计划):

$s_{21} = ($坚持,坚持$)$:不管 1 怎么选择,2 都会选择坚持;

$s_{22} = ($坚持,避让$)$:1 坚持时 2 坚持,1 避让时 2 也避让;

$s_{23} = ($避让,坚持$)$:1 坚持时 2 避让,1 避让时 2 坚持;

$s_{24} = ($避让,避让$)$:不管 1 怎么选择,2 都选择避让;

一个策略组合 (s_1, s_2) 会对应一个博弈结果,根据图 4.2 的支付,我们可以得到参与者 1 和 2 的支付 $u_1(s_1, s_2)$ 和 $u_2(s_1, s_2)$。比如,给定 $(s_1, s_2) = ($坚持,(避让,坚持)$)$,1 选择坚持,根据 2 的策略,如果 1 坚持 2 选择避让,所以最终 1 和 2 的行动组合为:1 坚持,2 避让,由图 4.2 可知 $(u_1, u_2) = (3, -3)$,1 赢得比赛。

由此我们可以得到动态斗鸡博弈的支付矩阵,见图4.4,我们可以找出该博弈存在三个纯策略纳什均衡:

均衡1:s_1=坚持,s_2=(避让,坚持)

均衡2:s_1=坚持,s_2=(避让,避让)

均衡3:s_1=避让,s_2=(坚持,坚持)

在均衡1和2中1赢,而在均衡3中2赢,在该均衡中,给定1预期2会选择"绝不避让"的策略,1的最优选择是避让;而给定1选择避让,2没有激励偏离"绝不避让"的策略。从纳什均衡角度,三个均衡都是满足策略选择时的理性条件,给定对对方策略的预期,没有偏离的激励。但纳什均衡没考虑预期的合理性,即不考虑2的策略真的可信。

参与者2

		坚持,坚持	坚持,避让	避让,坚持	避让,避让
参与者1	坚持	−10,−10	−10,−10	3,−3	3,−3
	避让	−3,3	0,0	−3,3	0,0

图4.4 动态斗鸡博弈的支付矩阵

序贯理性与逆向推理

在纳什均衡3中,如果1选择了坚持,2还坚持他的"绝不避让"策略吗?这就要检验博弈真到了2在某结点上行动时,在该结点上的行动计划是否满足理性条件,这也就要求,每个参与者在决策时不仅自己选择是基于对他人行动预期的理性选择,同时也要求对他人的预期也是基于他人的理性选择基础上。

【概念】序贯理性

在完美信息动态博弈中,参与者i的策略s_i在每一个i的决策结点上都是对其他人策略s_{-i}的最优反应。

我们站在1的角度来看他的决策逻辑,参与者1在决策时首先会预期2可能的反应,然后根据2的反应决定自己的最优选择。关键在于1如何形成对"2反应"的预期,显然,应该不是简单地采信2说的行动计划。如果2是一个理性的参与者,那么就会在每一次行动时,根据实际情况进行优化决策以最大化自

己的支付。下面,我们在"理性"这一框架下推理 1 的决策分析步骤:

第一步:分析参与者 2 对参与者 1 行动 a_1 的最优反应 $b_2(a_1)$。我们看到,如果 1 选择坚持,理性的参与者 2 的最优反应是避让;如果 1 选择避让,理性的参与者 2 的最优反应是坚持,即

$$b_2(a_1) = \begin{cases} 避让 & 如果 a_1 = 坚持 \\ 坚持 & 如果 a_1 = 避让 \end{cases} \tag{4.1}$$

2 的最优反应实际构成 2 的一个策略,即 $s_2^* = (避让,坚持)$。

第二步:给定参与者 1 对参与者 2 最优反应的预期 $b_2(a_1)$,我们进一步分析参与者 1 的最优选择 a_1^*。

如果参与者 1 知道 2 是理性的,那么预期参与者 2 会选择他的最优反应 $s_2^* = b_2(a_1)$,自己选择坚持,参与者 2 就会避让,自己得到 10;如果参与者 1 选择避让,参与者 2 则会选择坚持,自己得到 0,所以,参与者 1 的最优选择是坚持,即 $a_1^* = 坚持$。

我们称由"第一步"和"第二步"组成的推理过程为逆向推理,通过逆向推理,我们得到动态斗鸡博弈参与者会选择的策略组合为 $(a_1^*, s_2^* = b_2(a_1))$。

逆向推理:向前看,往后推理

在完美信息博弈中,逆向推理时我们往前看,从博弈的最后一个决策结点开始分析,确保每一个结点的选择都满足理性选择的条件进行预测,然后逐层往后推理,一直到博弈的几个决策结点,从而得到整个博弈完整的行动组合。

纳什均衡与可置信性

结合逆向推理的结果,我们再来检验三个纳什均衡的合理性。

第 1 个纳什均衡:$s_1 = 坚持,s_2 = (避让,坚持)$,这正是逆向推理的结果,满足序贯理性的要求;

第 2 个纳什均衡:$s_1 = 坚持,s_2 = (避让,避让)$,其中参与者 2 的策略承诺"总是避让",即使参与者 1 选择避让时参与者 2 也避让,这与参与者 2 的理性选择不一致,所以该均衡包含了一个不可信的承诺。

第 3 个纳什均衡:$s_1 = 避让,s_2 = (坚持,坚持)$,其中参与者 2 的策略承诺

"绝不避让",即使参与者 1 选择坚持时参与者 2 也坚持,根据前面的讨论,这与参与者 2 的理性选择不一致,所以该均衡包含了一个不可信的威胁。

所以,动态斗鸡博弈存在一个唯一满足序贯理性条件的纳什均衡,即 $s_1 =$ 坚持,$s_2 =$(避让,坚持)。

子博弈与子博弈完美均衡

在一个完美信息动态博弈中,而且博弈有确定的决策结点,我们可以用上述逆向推理的方式找到满足序贯理性的纳什均衡,把不符合序贯理性的纳什均衡剔除掉。但是,如果动态博弈中包含了一些同时行动的博弈,我们就无法从最后一个决策结点开始逆向推理。

我们考虑以下一个扩展的参与者 2 人之间的约会博弈。现在参与者 1 有机会决定周末在学校学习(S),还是与参与者 2 相约去参加活动(D),活动可以是听音乐会(m)或看足球比赛(f),如果去约会,两人之间缺乏协调沟通机会,是同时行动,我们用博弈树图 4.5 来描述该博弈。

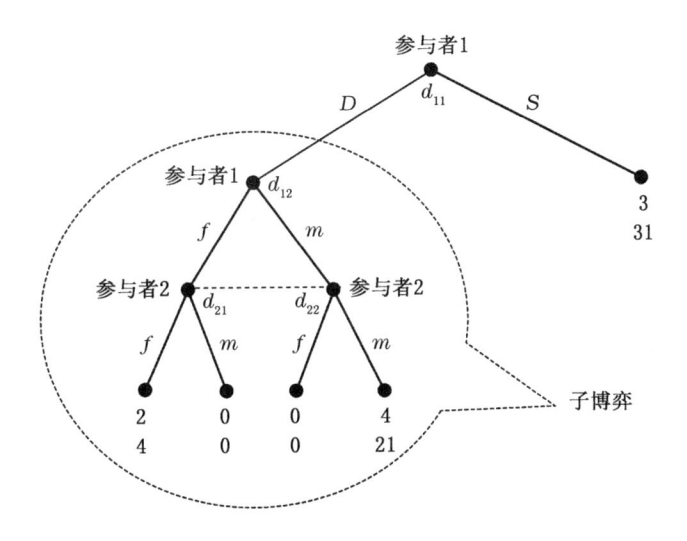

图 4.5　动态约会博弈(博弈树)

在这个博弈中,第二阶段两个参与者同时行动,博弈树中,我们描述为参与者 1 先行动,但是参与者 2 无法观察到参与者 1 的行动。所以,参与者 1 有两个信息集:$I_{11} = \{d_{11}\}$,$I_{12} = \{d_{12}\}$,而参与者 2 无法观察到参与者 1 的行动,无法区分两个决策结点,他只有一个信息集 $I_2 = \{d_{21}, d_{22}\}$。此时,参与者的策略只

能定义在信息集上,设定每个信息集下选择什么行动,即:
$$s_1=(a(I_{11}),a(I_{12})\in S_1=\{(S,f),(S,m),(D,f),(D,m)\}$$
$$s_2=a(I_2)\in S_2=\{f,m\}$$

在明确了参与者的策略集,结合图 4.5 中的支付,我们可以得到博弈树图 4.5 对应的支付矩阵,见图 4.6。

参与者 2

	f	m
S,f	3,3	3,3
S,m	3,3	3,3
D,f	2,4	0,0
D,m	0,0	4,2

参与者 1

图 4.6 动态约会博弈(博弈树)

根据纳什均衡的定义,我们可以得到图 4.6 所示的博弈存在三个纯策略纳什均衡:((S,f),f),((S,m),f),((D,m),m)。那么,如何检验哪些纳什均衡满足序贯理性?

我们既然无法从最后一个决策结点开始逆向推理,但我们可以从最后一个单点信息集开始逆向推理。为此,我们引入一个新的概念:子博弈。

子博弈,是原博弈的一部分,从单点信息集开始包含其之后所有结点和决策枝的一个博弈。

比如,图 4.5 中,由 d_{12} 开始的这部分博弈就构成一个子博弈,记为 $F(d_{12})$,由 d_{11} 开始的博弈就是原博弈,也是子博弈。所以该博弈存在两个子博弈。

动态博弈中满足序贯理性的纳什均衡要求一个策略组合在该动态博弈的所有子博弈中都是纳什均衡。我们称满足这个条件的策略组合为子博弈完美纳什均衡。

【概念】子博弈完美纳什均衡

在一个博弈的所有子博弈中都是纳什均衡的策略组合是该博弈的子博弈完美纳什均衡。

我们根据这一概念来检验动态约会博弈中三个纯策略纳什均衡的合理性，因为他们都是原博弈的纳什均衡，所以只需要检验它们在子博弈 $F(d_{12})$ 中是否为纳什均衡，子博弈 $F(d_{12})$ 的纯策略纳什均衡为 (f,f) 和 (m,m)。

- $((S,f),\ f)$ 在子博弈 $F(d_{12})$ 中设定的策略组合为 (f,f)，该策略组合是子博弈 $F(d_{12})$ 的纳什均衡，所以满足序贯理性条件，是原博弈的子博弈纳什均衡；
- $((S,m),\ f)$ 在子博弈 $F(d_{12})$ 中设定的策略组合为 (m,f)，该策略组合不是子博弈 $F(d_{12})$ 的纳什均衡，所以不满足序贯理性，不是原博弈的子博弈完美均衡；
- $((D,m),\ m)$ 在子博弈 $F(d_{12})$ 中设定的策略组合为 (m,m)，该策略组合是子博弈 $F(d_{12})$ 的纳什均衡，所以满足序贯理性条件，是原博弈的子博弈纳什均衡。

回顾动态斗鸡博弈（图4.2）的逆向推理解（坚持，（避让，坚持））。根据定义，该博弈存在三个单点信息集：$I_1=\{d_1\}$，$I_{21}=\{d_{21}\}$，$I_{22}=\{d_{22}\}$，所以有三个子博弈：$F(d_1)$，$F(d_{21})$，$F(d_{22})$，其中 $F(d_1)$ 原博弈。检验逆向推理解是否为子博弈完美均衡只需要检验逆向推理解在子博弈 $F(d_{21})$ 和 $F(d_{22})$ 是否为纳什均衡。

- 在 $F(d_{21})$ 中设定的行动是"避让"，观察到对方"坚持"，参与者2的最优选择就是"避让"，参与者2没有偏离的激励，所以满足纳什均衡条件。
- 在 $F(d_{22})$ 中设定的行动是"坚持"，观察到对方"避让"，参与者2的最优选择就是"坚持"，参与者2没有偏离的激励，所以满足纳什均衡条件。

我们不做一般性正面，这里给出博弈论中的一个命题：

【命题】 在完美信息博弈中，逆向推理解一定是子博弈完美均衡。

【习题4.2】
(1) 下列博弈有哪些子博弈；
(2) 请找出该博弈的子博弈完美纳什均衡，并分析该均衡的结果及其原因。

图 4.7

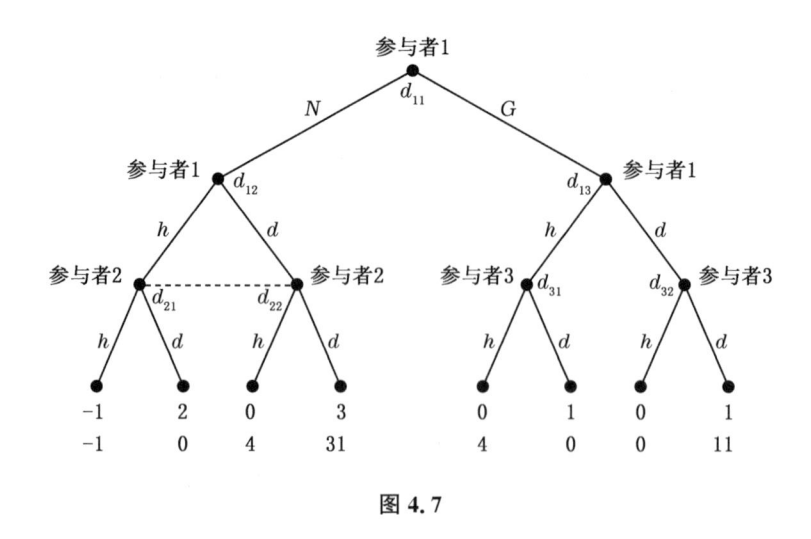

4.1.2 企业投资决策博弈

斗鸡博弈中我们看到参与者试图向对方发出"绝不避让"的威胁，如果一方能够"先"行动，明确告诉对方自己会"坚持"，那么就可以获得博弈的胜利，关键在于如何让别人相信你确定会"坚持"，即威胁的可信性问题。下面我们通过企业内部决策博弈来看承诺的可信性问题。

在企业投资决策中，一般由管理层提出投资方案，然后提交董事会审议。现在公司有两个候选投资项目 A 和 B，要决定投资 A 还是投资 B 或者两个都投资。董事会和管理层之间对项目选择存在一定的分歧，双方从不同投资方案中得到的收益见表 4.1。管理层最希望的是只投资 A 项目，最不喜欢的是只投资 B 项目，不投资要比只投资 B 好，投资 A 和 B 比不投资好。所以，管理层对四种结果的偏好序是：投资 A＞投资 A 和 B＞不投资＞投资 B。但是，董事会最喜欢的是只投资 B 项目，最不喜欢的则是只投资 A 项目，他的偏好序为：投资 B＞投资 A 和 B＞不投资＞投资 A。双方对公司的最优投资选择存在一定的分歧，但是也有一定的共识，投资 A 和 B 要比不投资好，不投资对公司则是一个无效率的选择。

表 4.1　　　　　管理层与董事会从不同投资方案中得到的收益

项目选择	管理层	董事会
A 项目	40	−10
B 项目	−10	40
A 和 B	30	30
不投资	0	3

公司投资决策程序是：先由管理层提交投资提案，然后董事会审议投资提案，管理层有四种可能的行动，即：A（投资 A）、B（投资 B）、A＋B（投资 A 和 B）或不投资。

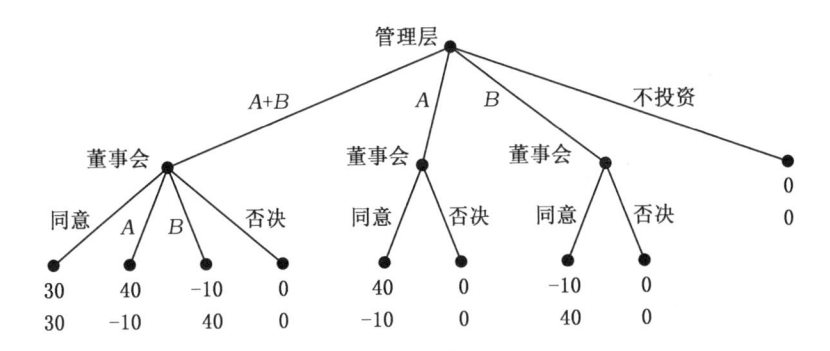

图 4.8　企业投资博弈

管理层提交了投资提案后，董事会审议投资方案，它可以整体通过或否决，也可以部分通过，但不能添加管理层没有提的内容。所以，当提交 A 或 B 时，只有同意或否决两种选择；但是当管理层提交 A＋B 时，董事会可以选择四种可能的行动：通过 A＋B，通过 A 否决 B，通过 B 否决 A，以及整体否决，具体如图 4.8 中的博弈树。

通过逆向推理，可以预期董事会的最优反应：
- 当管理层提交 A 时，董事会的最优选择是否决；
- 当管理层提交 B 时，董事会的最优选择是同意；
- 当管理层提交 A＋B 时，董事会的最优选择是否决 A，部分通过 B。

所以，董事会的最优反应为：

$$a_2(a_1) = \begin{cases} \text{通过 } B \text{ 如果} a_1 = A+B \\ \text{否决如果} a_1 = A \\ \text{通过如果} a_1 = B \end{cases}$$

给定管理层对董事会的预期,管理层的最优选择 $a_1^* =$ 不投资或 A。

博弈的结果是不投资,双方的支付都为 0。但是,该博弈中双赢的结果是投资 A 和 B,但是却没能实现。这是另一种不同于囚徒困境和预期协调失败两种合作失败的第三类合作失败情形。

这类合作失败的原因是什么?管理层不选择提案 A+B 的原因是预期董事会在该提案下会否决 A 导致一个对自己不利的结果,为了避免这种最糟糕的结果而选择不投资或提案投资 A。那么,董事会是否可以通过承诺"面对 A+B 提案,会整体通过"来改变博弈结果?问题在于,在一次性的博弈中,管理层无法相信董事会的承诺。董事会之所以无法做出可信的承诺,关键是:(1)董事会有否决 A 的权限;(2)董事会没有激励通过 A,"通过 A+B"不是董事会的理性选择。所以,该承诺是不可信的,在博弈论中称董事会承诺的行动"面对 A+B 提案,会整体通过"不满足"序贯理性"。

> **第三类合作失败:**
> 动态合作博弈中,由于后行动一方无法做出可信的承诺而导致合作失败。

【习题 4.3】请找出下列蜈蚣博弈纳什均衡,并分析均衡结果的效率及其原因

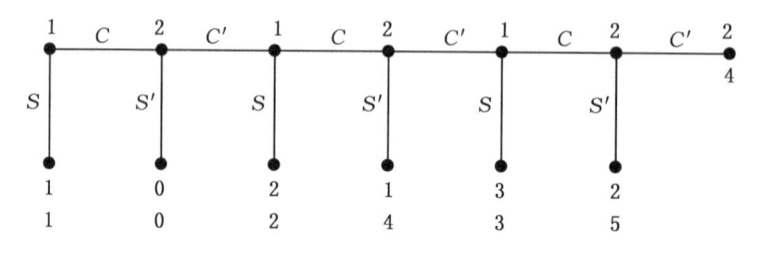

图 4.9 蜈蚣博弈

4.1.3 策略行动

现在我们回到关于斗鸡博弈的讨论，前面讨论中我们看到，如果参与者 1 能够先行动，让 2 形成明确的预期：1 会坚持的，那么 1 就能够获胜。那么，这里的关键在于 1 如何让 2 相信"1 会坚持"？如何建立承诺的可信性？

讨论：如果是你参加这个博弈，在上车前，或上车后，你会怎么做来让别人相信你的"坚持"策略？

大家可能会想到各种方式，比如：

• 买一份保险。问题在于你买了保险，对方是否也能够买保险？如果对方能够以相同的成本模仿你的行动，那么这样的行动就会无效。

• 蒙上眼睛。蒙上眼睛意味着观察不到对方的行动，这只能让对方行动无法影响你对他的预期，但眼睛既然是你用布蒙上去的，如果对方能够想办法逼着你把布拆下来，那么也失去了效果。

• 拆掉刹车。似乎与避让没有关系……

• 拆掉方向盘，放在副驾驶座上。拆掉方向盘意味着无法避让，这是一个好主意，但是……你想想，如果对方逼着你把拆掉的方向盘装回去，那么，这个行动是不是也无效了？

• 拆掉方向盘，然后扔了。如果你看到别人要拆方向盘，但是你在他之前拆了，然后当着他的面扔出去，然后发动汽车往前开。那样他还会继续拆方向盘吗？

我们看到，要赢得斗鸡博弈，参与者需要在原博弈开始前采取的试图影响对方预期的行动称为策略行动。显然，有效的策略行动应该具备以下最基本的条件：

• 可观察性。如果对方观察不到你的行动，那么也就无从影响他对你未来行动的预期，所以这是一个最基本的条件。

• 不可逆性。也就是说你采取了这个行动后，是没法撤回来的。一旦你给自己留了这个机会，那么对方可以采取更为严厉的行动来逼迫你撤回。就比如你拆掉方向盘放在副驾驶座位上，一旦你看到对方扔了方向盘，你的最优选择是安回去，但是如果让对方知道你率先扔了方向盘，他就不会再去拆方向盘了。

- 可理解性。我们的讨论中没提及的一个条件就是：对方能够理解你的行动。这一方面要求你行动比较清晰，对方容易理解你的策略意图；另一方面也意味着对方应该具备最基本的理解能力，能够理解你行动的含义。

从斗鸡博弈的讨论中，我们可以看到建立可信性的两类策略行动：

(1) 主动约束自己，减少你未来行动的自由，那样你没有别的选择，只能实施你自己所承诺的行动；

(2) 改变你未来的支付，使得你承诺的行动变成你未来的最优选择。

4.2 自我约束：减少自己的行动自由

在我们日常个人非策略性的选择问题中，扩大自己的选择集，增加自己行动的自由度，理性决策者的福利至少不会下降。所以非策略性的决策环境中，扩大自己的选择集总是一件好事（至少不会让自己变坏）。但是，在策略互动中，扩大自己行动集则可能让自己变得糟糕，因为这会使得自己承诺能力下降，反过来，主动地约束自己，使自己的承诺变得更为可信，从而提高自己的收益。减少自己的行动自由方式很多，我们下面主要讨论三种形式。

4.2.1 破釜沉舟

项羽率军渡漳河前去营救赵国以解巨鹿之围，楚军全部渡过漳河以后，项羽让士兵们饱吃一顿饭，每人再带三天干粮，然后传下命令："皆沉船，破釜甑"。这是历史上有名的"破釜沉舟"，项羽用这办法来表示他有进无退、一定要夺取胜利的决心。

孙子曰："兵士甚陷则不惧，无所往则固，深入则拘，不得已则斗。"所以强调"穷寇勿迫"，其关键在于敌寇处于"穷"的境地，很容易出现"狗急跳墙"死战到底的战斗意志，就如夫差说过"困兽之斗"的道理，因为他们知道没有退路，只能奋战到底。

而与破釜沉舟策略对应的反策略行动则是孙子提出的"围师必阙"战术原则。这个战术原则强调在包围敌人时，应当留出缺口，允许敌人有逃生的机会，而不是一味地追求完全包围。这种策略背后的理念是，对濒临绝境的敌军不要过分逼迫,瓦解对方誓死抵抗的战斗意志。围师必阙的原则体现了孙子兵法中的智慧,即在战争中寻求一种平衡,既不轻视敌人也不过度逼迫,以保持自己的军事优势同时避免不必要的牺牲。这一原则不仅在军事策略上有其应用,也在日常生活中提醒人们处理问题时考虑周全,留有余地,避免走极端。8 1 3 6 A 4 3 8

4.2.2 让渡决策权

在图 4.7 董事会与管理层的投资决策博弈中,由于董事会无法做出一个可信的承诺,使得管理层不愿意提交 A+B 的投资提案,从而导致不投资的集体无效率结果。如果董事会缩小自己的权限,比如:对管理层提交的任何提案,董事会只有通过与否决两种选择,不能进行选择性通过。图 4.10 描述了这种权限下的双方博弈。

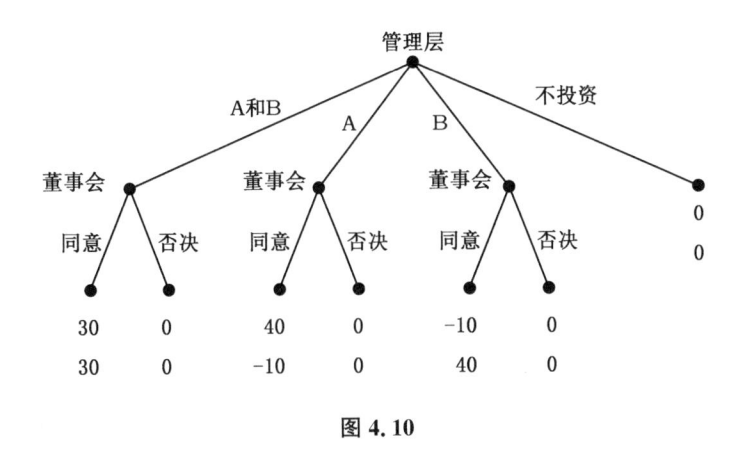

图 4.10

此时,管理层可以预期不同提案下可能的结果,即董事会的最优反应为:

$$a_2(a_1)=\begin{cases} 通过 & 如果 a_1=A+B \\ 否决 & 如果 a_1=A \\ 通过 & 如果 a_1=B \end{cases}$$

给定管理层对董事会最优反应的预期,管理层的最优选择 $a_1^*=A+B$,最终双方都得到支付 30。

通过对比两种权限下的博弈结果,我们可以看到,权限的扩大降低了董事会的承诺能力,导致整体绩效下降。反过来讲,如果董事会主动地约束自己,削减自己的权限,放弃部分通过或否决的权力,增强了自身的承诺能力,反而提高整体的支付。所以,在社会互动中,主动约束自己,看上去失去了部分权力,可能使自己限于被动,但是如果能够提高自己的承诺能力,反而能够提高自己的收益。

投票博弈中的策略行动

回想我们在第一章讨论的投票博弈,在该博弈中如果采用二元投票规则,A作为种子项目,第一轮B与C投票,第二轮:项目A与第一轮胜出的项目之间进行投票。我们之间的讨论结果显示,如果每个委员都不会进行策略性思考,那么A会成为最终的赢家。但是,如果委员乙预期到自己最喜欢的B不可能胜出,为了避免自己最不喜欢的A胜出,在第一轮支持C,然后最终C胜出。这个结果是委员甲最不喜欢的结果,他有可能改变这一结果吗?

表 4.2　　　　　　　　　　　　委员的偏好序

	委员 甲	委员 乙	委员 丙
项目 A	1	3	2
项目 B	2	1	3
项目 C	3	2	1

委员甲如果想改变这个结果,在没人会支持A胜出的情况下,他唯一的合作盟友就是委员乙,推动B胜出。想要B胜出,必须说服委员乙第一轮支持B而不是C。要做到这一点,就要改变乙对第二轮A和B投票时的预期。乙之所以放弃B而支持C,是因为预期到A和B投票中B会输。要让乙在第一轮投B的票,就要让乙相信A和B投票中B能够赢,即甲要向乙承诺:A与B投票时,甲会投A的票。乙会相信甲的承诺吗?如果没有其他安排,面对A和B投票,甲的最优选择是投A的票,最终A胜出,甲的承诺并不是他事后的最优选择,或者说不满足序贯理性。所以,甲必须做出相应的策略行动使得自己的承诺变得可信。

运用"减少自己行动自由"来获取可信性的思路,我们可以设想:甲将自己的投票权委托给乙,让乙代表自己投票。此时,乙就有把握让B最终胜出。甲虽然让渡了自己的投票权,却避免了最糟糕结果的出现,提高自己的支付。

没有约束的权力总是很难获得别人的信任,缺乏必要的信任就无法实现有效的合作。约束自己换取别人的信任从而实现合作,不仅是一种生活智慧,而且是一种重要的政治哲学。近代史上国债大规模发行、信用货币体系的发展都离不开市场对政府的信任,而这种信任则源自政府权力的约束与规范。一旦一个国家滥用自己的权力,信任一旦瓦解,一国就会陷入债务危机或货币危机。

4.2.3 自动履行

超市定价中,经常可以看到"最低价承诺",比如:承诺本超市的价格是周边5公里范围内的最低价格,如果消费者发现这个范围内其他超市价格低于自己的价格,按5倍差价赔偿。看到这个承诺,消费者往往很放心,但是这个承诺是否会增进消费者的利益?

问题在于超市做出这个承诺时,面对的博弈对象是谁?消费者是其中一部分,但不是全部,更重要的是竞争对手。回想我们在第二章讨论的价格竞争,相邻的超市产品同质化严重,很容易出现价格竞争。那么如何阻止对方偷偷降价的想法呢?要阻止对方降价的最好方式就是让对方相信:如果你降价,我会第一时间降价!如果对方相信这种反击威胁,那么对方就无法从降价中获利,从而放弃降价。

那么如何让对方相信这种反击威胁?"最低价承诺"实际上是一个降价反击的自动履行机制,而且是一个可信的反击威胁。给定这种公开的承诺,一旦对手降价,消费者就会发现而要求索赔,从而迫使超市跟着降价。这种可信反击威胁可以阻止其他超市的价格竞争。

所以,如果能够在原博弈开始前,设置相应的自我履行机制或自动的触发机制,该机制会在特定条件下自动实施你的承诺或威胁,能够起到"缩小自己行动自由"的效果。当然这里的关键是这种自动履行机制是可信的,具有不可撤回性质。

4.3 自我激励:改变你的支付

承诺之所以不可信,是因为在原有的支付结构下,你所承诺的行动并不是你在未来最优选择,你没有激励去执行。在不改变未来行动自由度的情况下,要获得承诺的可信性,唯有改变未来决策时的相对支付,使得自己所承诺的行动是新的支付结构下的最优选择,自己在未来有激励执行你所承诺的行动。我们可以通过合同、抵押等方式来改变自己未来的支付,下面我们主要讨论抵押、沉没成本投资等四种方式。

4.3.1 资产抵押

在向银行贷款时,"抵押"是最为常见的一种获取银行信任的方式,正是这种贷款模式才使得许多家庭能够买下大额的房产。在春秋战国时期,在诸侯国之间经常通过互相将自己的儿子作为人质放在对方,以获取对方的信任。对于个人而言,声誉则是一种重要的无形资产,尤其是在一个长期关系或熟悉的社会中,如果别人能够观察到你与其他人的博弈里的行动的话,维持自己遵守承诺的声誉就非常有价值(具体我们将在下一章展开讨论)。当你拥有一定声誉的情况下,公开承诺就变成一件非常重要的安排,如果自己不兑现,大家都会知道,破坏自己的声誉,将会损害自己未来的收益。所以,"公开的誓言"才具有可信性,此时你把自己的声誉作为了抵押物。

案例:敦煌女儿击掌为誓

沪剧《敦煌女儿》讲述了一个上海姑娘樊锦诗在大学毕业后分配到敦煌研究所工作,从此一生坚守敦煌的感人故事。剧中有一个场景,当樊锦诗到敦煌研究所报到时,研究所的工作人员心情既激动又是担忧,他们因为组织终于安排新人到敦煌工作而感到兴奋,但同时又因为之前很多年轻人来了后吃不了苦逃离敦煌而对新人能否留下来感到担忧。此时的樊锦诗确实象之前的年轻人一样,满怀着激情到研究所报到,面对所长的疑虑,她为了打消或减轻所长的疑虑,在众人面前与所长"三击掌",击掌为誓,誓言"不管多苦多累,一定坚持下来"。

4.3.2 沉没成本投资

我们之前讨论中指出,沉没成本一旦发生,理性的决策者就应该把它忽略掉，因为沉没成本与决策变量之间没有关系了。但是，沉没成本却有着非常重要的战略意义，很重要。在健身卡问题中，我们已经看到，通过购买健身卡降低未来自己去健身房的边际成本，从而激励自己未来更多地去健身房。

类似地，当一家垄断企业面临新企业的进入威胁时，如何打消对方进入的想法？垄断利润很丰厚，哪怕两家企业共享这个市场也能够获得较高的利润，所以，对方试图进入这个市场跟在位企业共享这个利润，唯一担忧的是在位企业不顾一切打价格战反击，那样会两败俱伤，我们用博弈树图 4.11 来描述这个博弈。企业 1（在位企业）独占这个市场可以获得 1 亿的垄断利润，但是如果企业 2 进入，企业 1 容纳它分享这个市场，那么企业 1 凭借已有的优势可以得到 4000 万，企业 2 可以得到 2000 万。但是如果企业 1 激烈反击，跟企业 2 打价格战，那么企业 2 就会亏损 1000 万，企业 1 的利润也会受到影响，只有 2000 万。在这种情况下，如果企业威胁说"如果你进入，我们就跟你打价格战！"这个威胁可信吗？显然，企业 2 会想，如果我进入后，你真的会反击吗？反击对企业 1 有什么好处？根据图 4.11 的支付，当企业 2 进入时，企业 1 的最优选择是容纳，预期到这一点，企业 2 不会相信企业 1 的威胁，它的最优选择就是进入。那么，企业 1 如何让自己反击威胁变得可信呢？

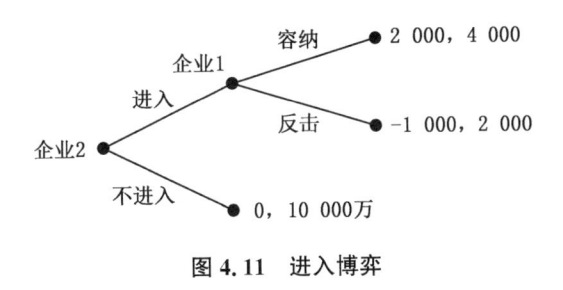

图 4.11 进入博弈

类似的，在企业竞争中，如果要让自己反击威胁变得可信，一种做法就是做好充分的价格战准备，而必要的产能准备是价格战的必要条件。所以，在行业竞争中，在位企业准备过剩产能是一种遏制其他企业进入的常用竞争手段。

从上述两个例子，我们可以理解沉没成本投资的战略意义，他可以改变未来决策的边际成本，从而使自己关于未来信的承诺或威胁变得更为可信，"以战（备）止战（争）"是其中的经典案例。

4.3.3 把博弈分成多个连续小博弈

我们通过抵押贷款购买了新房，自然要找装修公司装修，装修工程的费用可能要十几万，甚至上百万。双方关于何时支付这笔装修费产生了分歧。房东觉得自己先付款，万一装修公司跑路或者装修质量不合格，自己有损失或时候处理很被动；而装修公司觉得自己先垫资装修，一方面占用自己的资金，另一方面，事后房东拖欠装修款，自己很被动，这些装修材料用了再拆下来也就没有什么价值了。

怎么解决双方的分歧？大家常见的方法就是分期付款。分期付款将一次博弈分为几个连续的小博弈，每完成一个阶段的工程结清一次的工程款。这样做的好处是，每一阶段涉及的金额比较小，双方不合作的诱惑会降低，同时，当期不合作会影响后续的合作，使得声誉机制发挥相应的效应。我们将在下一章详细展开这种重复博弈或长期关系对承诺可信性的影响。

4.3.4 加入"跑团"

随着我们健身意识的提高，我们周围出现了许多"跑团"，跑步本是单人运动项目，尽管加入跑团可以交流信息和跑步知识，但加入跑团往往会有很多限制和约束，比如运动的时间、甚至没按跑团规定执行还可能有惩罚，那么，我们为什么要加入"跑团"呢？实际上不组建正式的跑团，不施加这些限制，跑步爱好者在一起同样可以交友、可以相互学习，为什么一定要有一个有约束力的跑团组织。

加入跑团，就如购买健身卡一样，很大程度上为解决个人跑步中的自我控制问题，跑一天两天容易，但是常年坚持跑步不是一件容易的事情，尤其跑步本身相对于其他运动显得枯燥，跑步者在跑步时面临体能和心理上的双重挑战。如何帮助自己克服这些挑战？借助团队的力量是一个很好的选择，一方面，一起跑步可以大大减缓跑步时的心理挑战，使得跑步更为轻松，变得不那么枯燥，降低了跑步的边际成本；另一方面，加入跑团表示自己愿意遵守跑团的规则，比如跑团打卡，实际上将自己的个人声誉抵押在跑团群中，所以，跑团内部的相互督促帮助每个成员克服惰性。

加入跑团是将自我承诺变得更为可信，那么面向他人的承诺或威胁同样可以借助团队的力量变得可信。在组织中，许多决策明明可以由一个主管决策拍板决定，但形式上还是要组建一个委员会来进行集体决策。这个现象在政府、事业单位尤为明显。当我们在处理学生论文抄袭、考试作弊或者论文不合格等事件时，很少会由一个院长或校长来做决策，而是由一层层委员会来决策。集体决策的一个突出优点是在处理惩罚性事件时可以分散惩罚的成本，从而使得惩罚威胁变得更为可信。同样，一个委员会做出的承诺，相对于个人承诺而言更为可信。大学教师的职称晋升制度一般都由校学术委员会审定通过，该文件实质上是面向教师的一个承诺，一个委员会通过的文件显然要比校长一支笔通过的行政指示要更具有可信性。改变一群人的意志或偏好的难度远远大于改变一个人的意志或偏好的难度。

4.4　大国和平战略：以充分的战备阻止战争的发生

在国际关系中，一个国家爱好和平，不希望与他国发生战争，但总是有些国家试图挑衅，侵犯本国利益。那么如何才能在保护自己利益的前提下维护和平？国家之间的战争就如企业之间的价格战，要阻止战争发生的有效手段不是放下武器、放弃战备。尤其作为一个大国，维护和平的唯一途径就是充分的战备，只有随时做好反击的准备，那些试图挑衅的国家才不敢轻易地出手。和平年代，不打战，国防力量的建设似乎没有发挥直接作用，但却有效制止了他国的挑衅，从而维护和平。这里国防投入对于一个国家而言就是一种沉没成本，一支舰队建设起来，成本都投出去了，不管是否有战争，都不会发生变化。但是，面对他国挑衅，没有舰队与有舰队两种情况下我们的最优选择会出现很大的差异。事前没有相应的国防建设，如果要反击，我们需要临时动员国家资源进行战争，成本会很高，牵涉利益也很大；但是如果我们的军队、武器都已经准备好了，此时反击的边际成本就会很低，从而提高了我们反击的可能性。在我们会反击的预期下，其他国家就不会轻易地挑衅。所以，充分的战争准备是维护和平和国家利益的必要条件。

本章要点

- 为了使承诺或威胁变得可信,决策者需要采取策略行动使得兑现承诺变成自己的最优选择。策略行动应该具有可观察性、可理解性和不可逆性;
- 通过抵押、沉没成本投资等方式改变未来行动的相对支付,从而使承诺的行为变成自己的最优选择;
- 主动地约束自己可以让自己获得可信性,没有约束的权力往往难以给他人明确的预期。

案例思考

4.1 防鲨网[①]

张海是一家家族企业的创始人,家族一直保持着这家公司的控制权,他担心自己过世后,企业会被外人并购。

为此,他过世前通过修改董事会选举与决策规则,设计了一套防御并购的制度安排:

(1)要求董事会选举必须错开,每名董事会成员任期5年;

(2)董事会的选举规则只能由董事会本身修改;

(3)董事会投票规则如下:

- 任何一个董事会成员都可以独立提交一项修改建议;
- 提议人必须投他自己的提议一票;
- 投票是按顺时针顺序沿着董事会会议室圆桌依次投票,后面投票的人可以看到前面的人投了什么票,同时规定没有弃权票,每位董事只能在赞成票与反对票之间进行选择;
- 提议必须获得董事会至少50%的选票才能通过(缺席按反对票计算);
- 提议未获通过,提议者以及投赞成票的成员都将失去席位和股份,他们的股份将在其他投反对票的成员之间平均分配。

投资人李阳通过各种途径收购了该公司60%的股份,并在当年获得了1个

---

① 本题改编自迪克西特《策略思维》,中国人民大学出版社,2013年版,第267页。

董事席位,其余四个董事为张海的子女,平均持有剩下的股份(各自持有10%)。

请回答以下问题:

1. 在目前的董事会投票规则下,李阳向董事会提出一份提案会存在怎样的风险?

2. 请帮李阳设计一个满足以下条件的提案:

(1)提案获得通过;

(2)提案要求重新选举董事会全体成员(允许连任);

(3)提案不能侵犯他人的产权;

(4)提案通过的代价不要太大;

(5)提案中的条款不能直接针对特定身份的董事。

4.2 大学"非升即走"制度

近20年来,不少中国大学开展了"非升即走"人事制度改革,有的大学称为"预聘—长聘制"。该制度尽管给青年教师施加很大压力而受到一些批评,但是对于大学建设一支高水平师资队伍而言确实非常重要。请你从提拔或留住优秀教师角度分析该制度所发挥的作用。

4.3 宋朝"交子"的兴衰

公元1024年1月12日,北宋朝廷决定在今四川成都(益州)设立交子务,随后扩展到其他地区,但是北宋政府没有能够有效地控制"交子"的发行量,导致"交子"大幅度贬值,最终崩溃。南宋、元朝、明朝也都先后发行过不同形式的纸币,但都未能避免北宋"交子"的命运。纸币是中国古代重要的金融创新,但未能在中国诞生稳定的信用货币体系。

请结合本章知识分析北宋"交子"货币体系最终崩溃的制度原因。

4.4 传统婚俗:彩礼

彩礼是一种传统婚姻习俗,少则十几万,多则几十万,这种习俗让爱情变得沉重。有些情侣因为彩礼数额过大而产生矛盾,甚至分手。不过有人提出"彩礼是承诺与保障"。

你是否认同"彩礼是承诺与保障"这种说法,为什么?或者说在什么条件下成立或不成立?

4.5 司马懿请战

公元234年,诸葛亮第六次出兵祁山,诸葛亮屯兵五丈原,每日派人来魏营挑战,魏兵只是坚守不出。却说魏将皆知孔明以巾帼女衣辱司马懿,懿受之不战。众将不忿,入帐告曰:"我等皆大国名将,安忍受蜀人如此之辱!即请出战,以决雌雄。"懿曰:"吾非不敢出战而甘心受辱也。奈天子明诏,令坚守勿动。今若轻出,有违君命矣。"众将俱忿怒不平。懿曰:"汝等既要出战,待我奏准天子,同力赴敌,何如?"众皆允诺。懿乃写表遣使,直至合淝军前,奏闻魏主曹睿。……(睿)宣谕曰:"如再有敢言出战者,即以违旨论。"众将只得奉诏。——《三国演义·第一百零三回》[①]

在这个故事中,司马懿为什么向曹睿请战?

4.6 反策略行动

如果你的对手试图通过策略行动对你施加对你不利的威胁,根据我们对策略行动的讨论,你觉得在他行动之前你可以采取哪些反策略行动,使得对方可能的策略行动无效?比如在斗鸡博弈中,在开始比赛前你发现对方试图用拆方向盘的方式来逼你避让,但是你不懂汽车机械,不会拆方向盘,怎么办?(提示:可以从策略行动的可观察性、可理解性、不可逆性以及可信性等角度来设计反策略行动)。

[①] 罗贯中著:《三国演义》,内蒙古人民出版社,2000年版,第659—661页。

第 5 章

长期关系与合作

"人无远虑,必有近忧。"不管是个人之间、企业与个人之间,还是国家之间等都存在多次互动的可能性,或者说博弈双方存在长期关系。那么这种长期关系如何改变参与者的合作激励?如何帮助博弈参与者走出囚徒困境?

5.1 长期关系:重复博弈

长期关系意味着双方将进行多次的博弈,每一次博弈结束后可能会有下一次博弈。现实生活中,前后两期的博弈一般有一定联系,也会有一些差异,为了简化对长期关系的描述,我们采用同一个博弈重复进行来刻画长期关系。我们称被重复进行的原博弈为阶段博弈。阶段博弈可以是类似囚徒困境的同时行动博弈,也可以是类似进入博弈的动态博弈。比如,两个人之间的囚徒困境博弈,原先我们考虑的是一次性博弈,现在考虑双方重复进行该博弈。根据重复次数,可以分为有限重复博弈和无限重复博弈。在现实的长期关系中,不一定能够确定会重复多少次,同时也不可能无限重复下去,长期关系可以理解为:每一次博弈结束后,都有一定的概率 p 继续下一次博弈。下面我们分别讨论不同情形下双方的合作激励。

为简化分析,关于重复博弈我们一般做如下假设:
(1)阶段博弈之间没有实质性的联系,前一期阶段博弈的结果不会影响随后阶段博弈的结构(包括博弈的参与者、策略集与支付)①。

(2)每个参与者能够观察到博弈的历史,也就是每个参与者都可以观察到前面阶段博弈中参与者选择的行动。

5.1.1 支付

在重复 T 次的重复博弈中,我们记参与者 i 在 t 阶段得到支付为 v_{it},所以,参与者 i 在该重复博弈中得到一个支付流记为 $\{v_{i1},v_{i2},\cdots,v_{iT-1},v_{iT}\}$。在多期决策中,不管由于主观效用的贴现还是由于市场贴现,下一期得到一单位支付的价值要小于当期得到这一单位支付的价值,我们记参与者 i 对下一期支付贴现因子为 $\delta_i \in [0,1]$,即第二期支付 v_{i2},在第一期的现值为 $\delta_i v_{i2}$。贴现因子的大小反映参与者的耐心程度,δ_i 越大参与者越有耐心。具有一定耐心的参与者会根据完整的重复博弈支付流现值来评估自己的策略选择,即:

$$V_i = v_{i1} + \delta_i v_{i2} + \cdots + \delta_i^{T-2} v_{iN-1} + \delta_i^{T-1} v_{iT} \tag{5.1}$$

5.1.2 策略与条件性博弈行为

相对于阶段博弈,重复博弈中参与者的策略会更加丰富。在图 5.1 一次性囚徒困境博弈中,参与者只有两种策略:合作与不合作。因为是同时行动,每个参与者无法根据对方的行动来设计自己的行动计划。但在重复博弈中,由于参与者可以观察到博弈的行动历史,每个参与者可以根据所观察到的博弈历史来设计自己当期的行动。比如说,如果对方上一次选择了不合作,那么,自己这次就选择不合作;如果对方上次合作,那么这次也选择合作。由于过去的行动历史多种多样,当前行动和历史的关联方式也多种多样,这就使得每个参与者的策略空间大大扩展了。

---

① 比如,两个人玩"石头—剪刀—布"游戏,第一次每一方都可以从"石头""剪刀""布"中选择一个策略,第二次玩的时候还是可以从三个策略中选择一个,而且给定双方的策略选择,支付决定的规则还是一样的。当然,现实中可能对参与者的要求会有点高,也就是第一次的输赢,不会影响参与者的情绪或策略的执行能力。所以说,这是一种为了简化做的一种假设,但不影响我们关于长期关系下合作激励分析的主要结论。

		参与者 2	
		合作	不合作
参与者 1	合作	4,4	0,6
	不合作	6,0	1,1

图 5.1 囚徒困境

在重复进行的囚徒困境博弈中,我们生活中常见有以下几种策略。

触发策略:

第一期选择合作,如果对方也合作,就会继续合作,如果对方有一期不合作,那么永远都不合作了。

触发策略用未来的合作来奖励对方过去的合作,用未来永久的不合作来惩罚对方过去的不合作。其惩罚相对比较严厉,没有包含原谅与重新合作的机会。

以牙还牙策略:

第一期选择合作,后续博弈中复制对方上一期的行动。即如果对方第 t 期合作,那么,第 $t+1$ 期就选择合作;如果对方第 t 期不合作,那么第 $t+1$ 期也选择不合作。

"以牙还牙"策略和触发策略都将自己合作与否与之前的合作历史相联系,这两种策略都包含了以下三个承诺或威胁:

- 首先,承诺自己当期会合作;
- 其次,承诺用未来的合作来奖励对方当期合作;
- 第三,威胁用未来的不合作来惩罚对方的不合作行为。

这类策略能否支持囚徒困境中的双方合作,很大程度上取决于这些承诺的可信性以及有效性,即,参与者 i 是否会执行相应的承诺与威胁? 如果是可信的,面对参与者 i 的承诺与威胁,参与者 j 是否有激励合作?

触发策略与以牙还牙策略的差异就在于惩罚威胁的力度不同,在触发策略中用"永远不合作"来惩罚对方的不合作行为,而在以牙还牙策略中则是用第 $t+1$ 期的不合作来惩罚对方的第 t 期的不合作行为,至于在 $t+2$ 期的行动则取决于对方在第 $t+1$ 期的行动,如果对方在 $t+1$ 期回到了合作模式,那么自己在 $t+2$ 期也会重新选择合作。所以在以牙还牙策略中,惩罚是有限度的,而且包含了宽容,允许偏离合作的对方在接受惩罚后回到合作轨道上来。在我们接下来的讨论中,我们将主要以触发策略为例展开讨论。

5.2 末期效应:有限重复博弈

5.2.1 重复有限次的囚徒困境

我们先来看一下将图 5.1 囚徒困境博弈重复两次,会产生怎样的结果。为简化分析,假设 $\delta_i=1, i=1,2$,先不考虑贴现因素,假设双方都有无穷耐心。

在重复两次的囚徒困境博弈中,根据触发策略可以设计这样一个"合作策略":

参与者 1:在第一期选择合作,如果第一期合作成功,即双方都选择合作,第二期继续合作;如果第一期合作失败,即至少有一个选择不合作,那么第二期选择不合作。

给定第一期博弈中每个参与者只有两个行动,那么第二期博弈结束时可能的结果有四种:(合作,合作)(合作,不合作)(不合作,合作)(不合作,不合作)。只有第一个结果(合作,合作)是合作成功,其他三科情形都是合作失败。在上述"合作策略"中,参与者用第二期的合作来奖励对方第一期的合作,用第二期的不合作来惩罚对方第一期的不合作。首先,我们来检验该策略的可信性,即检验该策略是不是子博弈完美均衡的一部分。

不管第一期博弈结果如何,第二期博弈是最后一期博弈,参与者在该子博弈中"不合作"是他的占优策略。所以,不管第一期结果如何,第二期,每个参与者都会选择"不合作",没有激励去执行"第一期合作成功,第二期就合作"的奖励承诺。所以,该策略中第二期合作承诺是不可信的,但是惩罚威胁是可信的。

给定对第二期"不合作"的预期,在第一期来看,不同策略组合下两期博弈的总支付可以用如下支付矩阵来表示:

		参与者 2	
		合作	不合作
参与者 1	合作	4+1,4+1	0+1,6+1
	不合作	6+1,0+1	1+1,1+1

图 5.2 囚徒困境

在该博弈中,我们可以得到"不合作"仍然是参与者的占优策略。所以,上述"合作策略"中关于第一期合作的承诺是不可信的。

在重复两次的囚徒困境博弈中,"始终不合作"是参与者的占优策略,所以,囚徒困境博弈重复两次无法支持双方选择合作。

那么,如果该博弈重复 100 次,是否可能改变博弈的结果?通过逆向推理可以得到,在第 100 期博弈时,博弈结果只会是(不合作,不合作),由此,推理第 99 期博弈结果也是(不合作,不合作),依次类推,在理性是共同知识的前提下,重复 100 次的囚徒困境博弈,其均衡结果只有一个,即将阶段博弈的结果重复 100 次。即使引入有限耐心也不会改变结果。所以,只要存在"末期",基于对"末期""不合作"结果的预期,参与者无法做出一个有效可信的奖励承诺来改变整个博弈的结果。

5.2.2 多重纳什均衡与合作

在重复有限次囚徒困境博弈中,博弈双方尽管有"未来",但是阶段博弈只有唯一的纳什均衡,对双方而言"未来"的最后一期结果是确定的,而且是唯一的"不合作"结果,所以谈不上惩罚或奖励。如果重复博弈无法产生可信的承诺或惩罚工具,那么就无法提高合作的激励。如果阶段博弈存在两个纳什均衡,情况会发生怎样的变化?

在图 5.1 囚徒困境基础上,加入第三个行动:委托给第三方决策,如果双方都委托第三方,那么第三方就替双方选择合作,同时从每一方收取 0.5 单位委托费,双方支付都为 3.5;如果只有一方委托,那么不管另一方选择什么,双方支付都为 0,所以支付矩阵转化为图 5.3。

在新的阶段博弈中,存在两个纯策略纳什均衡:(不合作,不合作)和(委托,委托)。而且两个纳什均衡存在明显的优劣,双方在(委托,委托)均衡中的支付比(不合作,不合作)中高。一个可信的承诺或威胁至少是纳什均衡的一部分,有了两个有明显优劣的纳什均衡,那么,参与者就可以用一个好的均衡作为奖励承诺,而用差的纳什均衡作为惩罚威胁,由此设计一个可信的合作策略。在重复两次的博弈中,我们可以考虑以下策略:

合作策略:第一期选择合作,如果第一期合作成功(双方都合作),那么第二期选择委托;如果第一期合作失败,那么第二期选择不合作。

第二期子博弈可以分为两类:合作成功历史下的子博弈和合作失败历史下的子博弈。合作策略设定在合作成功历史下的行动为:委托;而(委托、委托)是该阶段博弈的纳什均衡,所以参考者都没有偏离激励。在合作失败历史下,合作策略设定的行动是:不合作,而(不合作,不合作)也是该阶段博弈的纳什均衡。所以,合作策略在第二期子博弈中是纳什均衡,即双方是有激励执行合作策略中关于第二期的承诺或威胁。

给定对第二期的预期,那么现在关键看第一期双方是否有激励选择合作。给定对方不偏离合作策略:

• 如果第一期选择合作,第一期得到4,第二期双方会选择委托,那么第二期得到3.5,两期总支付为7.5。

• 如果第一期选择不合作,第一期得到6,第二期双方会选择不合作,那么第二期得到1,两期总支付为7。

所以,给定对方不偏离合作策略,参与者都没有单方偏离的激励,合作策略是整个博弈的纳什均衡。综合上述讨论,合作策略是重复两次博弈的子博弈完美纳什均衡。

通过这个例子说明,重复博弈能否改变博弈的结果,帮助参与者走出囚徒困境,关键在于是否能够提供可信而有效的承诺与威胁工具。

		参与者2		
		合作	不合作	委托
参与者1	合作	4,4	0,6	0,0
	不合作	6,0	1,1	0,0
	委托	0,0	0,0	3.5, 3.5

图 5.3 囚徒困境

5.3 耐心与合作激励

5.3.1 触发策略下的合作激励

我们现在考虑一个无限次重复博弈,尽管生活中不存在无限次重复博弈,但该博弈所得到的启示却具有一般性,而且可以拓展到我们在下一节讨论的框架中。给定参与者 i 在 t 期的支付为 v_{it},他在重复无限次的博弈中得到的支付流为 $\{v_{i1}, v_{i2}, \cdots, v_{it}, \cdots\}$。为简化分析,我们假设两个参与者的贴现因子相同,记为 $\delta \in [0, 1]$。我们主要讨论触发策略 s_T 在什么条件下可以支持双方合作,走出囚徒困境。

如果双方能够一直维持合作关系,那么该合作关系下,每个参与者能够得到支付现值为:

$$V(合作 \mid (s_T, s_T)) = 4 + \delta 4 + \delta^2 4 + \cdots = \frac{4}{1-\delta} \quad (5.2)$$

参与者越是耐心,δ 越大,合作关系的价值越高。当 $\delta = 1$ 时,该合作关系价值就趋于无穷大;反之,$\delta = 0$ 时,该合作关系价值达到最低值,相当于今朝有酒今朝醉,未来对他而言没有任何价值,此时,任何基于未来的奖励或惩罚就失去了意义。

触发策略的可信性

我们先来讨论触发策略在无限重复博弈中的可信性,即论证 (s_T, s_T) 是该无限重复囚徒困境博弈的子博弈完美纳什均衡。在触发策略下,无限重复囚徒困境博弈的子博弈可以分为三类:(1)成功合作的历史下的子博弈;(2)合作失败历史下的子博弈;(3)原博弈。所以,我们从这三类子博弈检验触发策略的可信性。

(1)在合作历史下的合作激励

给定对方的触发策略,在合作历史下,自己选择合作,对方也会持续选择合作,由此得到的支付为:

$$V(合作, s_T \mid 合作历史) = 4 + \delta 4 + \delta^2 4 + \cdots = \frac{4}{1-\delta} \quad (5.3)$$

给定对方的触发策略,如果自己主动偏离合作,选择不合作,那么,在当期就可以得到6,而随后对方将会一直不合作,此时自己的最优选择也是不合作,由此一直得到1。所以自己主动偏离合作,得到的最高支付为:

$$V(不合作,s_T|合作历史)=6+\delta \cdot 1+\delta^2 \cdot 1+\cdots=6+\frac{\delta}{1-\delta} \quad (5.4)$$

显然,$V(合作,s_T)$和$V(不合作,s_T)$都是δ的递增函数,当$\delta=1$时,$V(合作,s_T)>V(不合作,s_T)$,当$\delta=0$时,$V(合作,s_T)<V(不合作,s_T)$。所以,存在一个临界δ^*,使得$V(合作,s_T)=V(不合作,s_T)$,得到 $\delta^*=0.4$。

当$\delta \geq \delta^*$时,$V(合作,s_T) \geq V(不合作,s_T)$,参与者有激励合作。

反之,当$\delta < \delta^*$时,$V(合作,s_T) < V(不合作,s_T)$则没有激励合作,不会执行奖励承诺。

因此,触发策略能够支持合作的必要条件是$\delta \geq \delta^*$,双方要足够耐心才愿意为了未来的合作收益而放弃短期背叛带来的高额诱惑。此时,(s_T,s_T)是合作历史下的子博弈纳什均衡。

(2)在不合作历史下的惩罚激励

在不合作历史下,至少一方选择了不合作,如果执行触发策略,参与者将选择"不合作"来惩罚对方。给定对方也是触发策略,自己选择不合作得到的支付是一直为1,所以有:

$$V(不合作,s_T|不合作历史)=1+\delta \cdot 1+\delta^2 \cdot 1+\cdots=\frac{1}{1-\delta} \quad (5.5)$$

如果选择合作,当期支付为0,下一期如果继续合作,那么一直为0,如果调整到不合作,支付为1,所以,选择合作最高的支付的现值为:

$$V(不合作,s_T|不合作历史)=0+\delta \cdot 1+\delta^2 \cdot 1+\cdots=\frac{\delta}{1-\delta} \quad (5.6)$$

所以,给定对方的触发策略,在不合作历史下,自己是有激励执行触发策略,即,(s_T,s_T)是不合作历史下的子博弈纳什均衡。

(3)在博弈开始时,参与者有激励执行"合作"的承诺,即,(s_T,s_T)是原博弈的纳什均衡。

因为这是一个无限重复博弈,所以,在合作历史下的子博弈与原博弈等价。上面我们已经论证:(s_T,s_T)是合作历史下子博弈的纳什均衡,所以,这一策略组合也是原博弈的纳什均衡。

综合(1)—(3)的结论,说明,双方有足够耐心的条件下,即 $\delta \geqslant \delta^*$ 时,(s_T, s_T) 是无限重复囚徒困境博弈的子博弈完美纳什均衡,即参与者有激励:

- 执行自己"合作"的承诺;
- 对方合作,自己有激励执行"合作"的奖励承诺;
- 一旦对方不合作,自己也有激励执行"不合作"的惩罚威胁。

5.3.2 奖惩力度与合作难度

上述讨论中,我们得到触发策略支持合作的临界条件 $\delta \geqslant \delta^*$。临界值 δ^* 的高低反映了一个囚徒困境实现合作的难易程度,δ^* 越大,说明实现合作的条件越高,合作也就越难,反过来临界 δ^* 越小,合作越容易。那么,临界值 δ^* 由哪些因素决定? 为此,我们来看一个一般情形下的囚徒困境问题,如图 5.4 中的支付矩阵。

参与者 2

	合作	不合作
合作	m, m	h, f
不合作	f, h	n, n

参与者 1

图 5.4 囚徒困境

根据上述讨论,触发策略下合作临界条件应该满足:

$$V(合作, s_T | 合作历史) = V(不合作, s_T | 合作历史)$$

即,$\dfrac{m}{1-\delta} = f + \dfrac{\delta}{1-\delta} n$

所以,$\delta^* = \dfrac{f-m}{f-n} = \dfrac{f-m}{(f-m)+(m-n)}$

其中:

- $f-m$ 反映了背叛或偏离合作的诱惑,诱惑越大,临界值越高,合作难度越大。
- $m-n$ 反映了背叛后受到的惩罚大小,因为受到惩罚后支付减少越大,惩罚力度越强,那么临界值越小,合作难度越低,越容易实现合作。

5.3.3　行为可观察性与合作激励

OPEC是国际市场石油主要输出国组建的卡特尔,为了避免石油产能过剩导致石油价格过低。这些石油出口国通过OPEC组织来协调总产量及其分配。OPEC的决策对石油价格有很大的影响,但是也有局限性。如果各国都按约执行石油限产协议,石油价格就可能维持在一个较高的水平。此时,部分国家如果偷偷地增产石油,可以获得很高的利润。这里关键在于这些国家增产行为是否会被其他国家及时观察到?显然,这存在一定的困难,至少存在一定的滞后。比如,要滞后一期才能被发现,第 t 期的不合作行为,要到第 t+2 期才会被发现,其他参与者在 t+1 期因为没有观察到他的不合作行为,仍然会合作,直到第 t+2 期才会做出相应的惩罚。所以,不合作行为滞后一期被发现的情况下,参与者选择偏离合作时的支付为:

$$V(不合作, s_T | 合作历史) = f + \delta f + \delta^2 n + \delta^3 n + \cdots = (1+\delta)f + \frac{\delta^2}{1-\delta}n$$

此时,合作的临界值满足:

$$\frac{m}{1-\delta} = (1+\delta)f + \frac{\delta^2}{1-\delta}n \tag{5.7}$$

得到:$\hat{\delta}^* = \sqrt{\frac{f-m}{f-n}} > \delta^* = \frac{f-m}{f-n}$

所以,当行为可观察性降低时,合作难度会上升。所以,在生活中,行为信息的及时披露对于维护合作极为重要。

5.4　关系长期化:组织与文化

5.4.1　博弈继续下去的概率与合作激励

上述分析中,我们假设阶段博弈可以无限重复,生活中更多的是每一期博弈结束都有一定的概率 p 继续下一期的博弈,也有 $1-p$ 的概率博弈结束。比如两家企业之间,下一期都有一定概率会退出市场,个人也存在类似的问题,关系存在一定可能性会终止,不管是因为去世还是远走他乡。所以,博弈继续下去的概率反映了双方长期关系的强度,那么这种关系持续下去的概率对合作会产生怎样的影响?

为方便讨论,我们假设每一期博弈结束后,博弈继续的概率 p 保持不变,那么,该重复博弈中参与者 i 得到的支付是一个期望现值:

$$EV_i = v_{i1} + p\delta v_{i2} + (p\delta)^2 v_{i2} + \cdots$$

事实上,我们可以看到,这里博弈继续下去的概率与贴现因子对博弈支付的影响是等价的,对参与者策略选择的影响也是一致的,由上一节的推理我们可以得到:

当 $p\delta \geqslant (p\delta)^* = 0.4$ 时,(s_T, s_T) 是该重复博弈的子博弈完美纳什均衡。

所以,当博弈继续下去的概率越高,那么双方合作关系对参与者的价值也就越大,双方合作的激励就会越强。

5.4.2 组织、文化与关系长期化

上述讨论中,我们看到博弈继续下去的可能性,或长期关心存续的可能性是影响合作激励的重要因素。如果参与者能够让他人相信自己有长期存在的可能性,或商人能够向消费者证明他具有长期经营的可能性,而不是一个随时可能倒闭或跑路的人,那么就可以赢得消费者的信任而实现良性的发展。

那么,这种能够提高参与者长期存在概率的行为我们称之为"关系长期化策略",成立"组织"就是最为典型的关系长期化制度安排。中国俗语讲"跑得了和尚,跑不了庙",庙对于和尚而言,其价值就在于可以提高他人对博弈对象长期存在可能性的判断。就一个"推销员"或"和尚"而言,本身可能具有流动性,与客户之间的关系很难保证长期性,但是,推销员背后的企业或和尚背后的"庙"则具有长期存在的特征,能够提高客户对"推销员"的信任。

当然,这里存在的另一个问题就是,企业如何让别人相信它会长期存在,事实上,不同企业的存续可能性存在很大的差异,比如大型企业或者进行大规模品牌投资的企业,更能够让消费者相信其长期存在的可能性,从而赢得消费者的信任。

我们在前面的讨论中,一直假设每一次博弈结束后,继续下一次的概率是不变的,但是我们个人的生命总是有限的,到了一定阶段,继续下一次的博弈可

能性会逐渐降低，并趋近于零。如果博弈继续下去的概率趋近于 0，那么，我们合作激励就会消失。一个社会如何解决这种问题？

我们中国传统儒家文化为此提供了一种独特的合作机制，即家族信仰。一个人的生命确实是有限，但是其生命却可以通过家族，通过其子孙而得到延续，实现无限化。但是这种无限化的前提是在我们的文化信仰中高度认同家族及其延续，这正是儒家文化强调的一点。所以，我们会看到许多家族成员，为了家族的利益而选择牺牲个人利益，自然也会选择有利于家族利益的合作行为。

5.5 社会网络与集体执行

前面我们讨论的一直是固定双方之间的合作问题，在社会合作中，合作对象并不是固定的，每一期都会变动，比如交易，但是互动对象会发生变化。比如在第一期 A 与 B 互动，而到了第二期，A 与 B 再次互动可能性极小，而是大概率会与其他参与者展开互动。既然 A 与 B 之间大概率不会再碰到，那双方还会有激励合作吗？谁来执行对合作的奖励，以及对不合作行为的惩罚？

显然，面对 B 的"不合作"行为，A 是没有机会来进行惩罚，也没有机会来奖励 B 的"合作"行为。但是，如果 B 的行为在整个网络中是可观察的，B 如果骗了 A，整个社会或所在群体中的其他成员都可以看到，那么，其他成员在下一期碰到 B 时，就可以代替 A 来执行惩罚，我们称这类惩罚机制为"集体惩罚"。集体惩罚是维持特定社会规范的一种重要机制。一个群体中会形成一定的社会规范，比如晋商之所以能够在明清时期繁荣，其业务遍布全国各地，其中一个重要的因素就是内部一直维持着良好的"诚信"，不管是各个商号之间，还是各地的掌柜、伙计与商号股东之间，没有这种"诚信"，很难将规模做大。这种群体内"诚信"行为准则的维持，很大程度上来自晋商群体内部的集体惩罚机制，一旦某一个伙计或掌柜出现欺诈行为，就会受到整个晋商群体的集体惩罚。

在社会网络下的集体惩罚机制的有效性取决于以下几个因素：

（1）每一期成员的行为能够在网络中及时披露，可以被其他成员观察到，从而可以及时执行奖励或惩罚，否则就类似双边长期关系一样，"不合作"行为不能被及时观察会提高"不合作"的收益，从而破坏合作的社会规范。而在互联网空间中的匿名性则恰恰可能会助长这种不合作行为。

（2）社会网络的成员相对稳定。如果成员随时在进出，这里的"出"意味着不再与这个网络中的成员发生关系了，那么也就谈不上成员对他的惩罚或奖励。所以，高度的流动性会降低合作激励。我们看到，当一个社会从传统的封闭的熟人社会向开放的匿名社会转型时，原有的社会规范可能在新的开放社会中不一定能够有效地维持。

本章要点

- 在完全信息下，有限次重复囚徒困境博弈无法改变阶段博弈的结果，帮助双方走出囚徒困境；
- 如果阶段博弈存在多个纳什均衡，那么有限次重复博弈中可能存在策略实现部分合作；
- 在无限重复博弈中，如果参与者对未来重视程度足够高，那么存在策略来支持参与者合作，走出囚徒困境；这里对未来的忠实程度一方面取决于客观及主观贴现率（耐心），同时也受博弈继续下去概率的影响；
- 鉴于重复博弈有助于走出囚徒困境，所以将关系长期化是一个很重要的策略行动，组织、文化在关系长期化中扮演着重要角色。

案例思考

5.1 乐刻月付制

传统健身房一般采用年卡预付制，甚至推出 2 年卡、3 年卡。这种模式下，健身房一开始采用预售制吸引大量顾客，完成资金回笼。传统的健身俱乐部倾向于"赚客户不来"的钱，有数据显示健身房会员中 10% 的卡是续卡，90% 是新卡，也就是说健身行业续费率不到 10%。

乐刻从 2015 年创立起，摒弃高额的年卡制度，代之以月卡制度，并推行以 24 小时智能化为核心的小型健身房模式。"通过把年卡制度变成月卡制度，健身行业根本的商业路径发生了变化，从营销导向变为运营导向"。将重心转变到"做服务、做内容"，大幅提高客户到店率与续订率，将健身从"赚用户不来的钱"

转向"赚用户来的钱"。

请运用本章方法分析从年付制改为月付制,对健身房吸引消费者会产生哪些影响?

5.2 胡萝卜加大棒

就图 5.5 中囚徒困境博弈,我们考虑以下策略:开始时每个人都选择合作;如果在第 t 期我发现你欺骗我,我在第 t+1 期就选择不合作,如果你在第 t+1 期选择合作(代表你认罚),那么,从 1+2 期开始,我们恢复合作。如果在第 t+1 期你没有选择合作,或者该惩的一方没有惩罚,那么在第 t+2 期我们继续按照原来在第 t+1 期应该采取的方式进行博弈。

这个策略是"胡萝卜加大棒"策略的一个表述版本,请问:

(1)这个策略中的胡萝卜和大棒分别是指什么?

(2)当博弈的参数满足什么条件时这个策略能够使双方有激励合作?

		参与者2 合作	参与者2 不合作
参与者1	合作	T,T	S,R
参与者1	不合作	R,S	P,P

图 5.5 囚徒困境

5.3 皇帝女儿不愁嫁[①]

考虑某垄断商家与消费者之间的博弈(如图 5.6)。消费者每次要决定买还是不买,不买则双方收益都为 0;如果买,由商家选择诚实(高质量服务)还是不诚实(低质量服务)。如果商家选择诚实服务,双方都得到 5,如果商家选择不诚实,消费者得到 1,商家得到 7。

(1)如果这是一次性博弈,该博弈的结果是什么?

(2)如果消费者每天都要购买该商家的服务(比如水、电等),双方关系可以无限重复下去,假设双方的贴现因子都为 $0 < \delta < 1$,此时商家会变得诚实吗?比如消费者宣布:如果商家诚实,就继续买;如果不诚实就永远不买了。该策略有效吗?

[①] 题目改编自 张维迎著:《博弈与社会讲义》,格致出版社,2023年版,第139页。

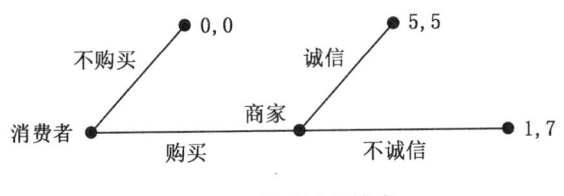

```
                    0,0           5,5
              不购买 ●        ● 
                   ╱   诚信  ╱
                  ╱         ╱
         消费者 ●─────●商家
                  ╲  购买    ╲
                   ╲  不诚信  ╲
                              ● 1,7
```

图 5.6　商业诚信博弈

5.4　共患难易，同享福难

在现实生活中，我们常常可以看到很多朋友之间"共患难易，同享福难"的例子。试从重复博弈下合作激励视角分析背后的原因。

5.5　连带责任①

当某一群体中的个别成员对群体之外的人有不合作行为时，群体之外的人将对该群体所有成员进行连带惩罚。有些连带责任是自然形成的，例如属于同一国籍或同一地域的人之间便存在某种连带责任。但大量的连带责任来自组织制度设计。即使一个组织在形成的时候不是出于连带责任的考虑，一旦成立之后，组织成员间也就有了连带责任。比如古代的家族连坐制度，一个家族成员犯上作乱，所有家族成员都会被惩罚，甚至株连九族。尽管古代"连坐制"已经被废除，但是不同形式的连带责任仍然普遍存在，支撑着团体或组织声誉的维持。

(1)这种连带责任对成员合作行为的支持作用是如何发挥的？

(2)连带责任在什么条件下是有效的？为什么"连坐制"会被废除，而连带责任却普遍存在？

5.6　有恒产者有恒心

《孟子·滕文公上》提出"民之为道也，有恒产者有恒心，无恒产者无恒心，苟无恒心，放辟邪侈，无不为矣。"

你是否支持"有恒产者有恒心，无恒产者无恒心"？为什么？请尝试运用本章知识展开分析。

---

① 题目改编自 张维迎著：《博弈与社会讲义》，格致出版社，2023年版，第152页。

第 6 章

公平与谈判

"这不公平!"不管在家庭还是职场,我们经常可以听到的这种声音,反映了人们对"公平"的诉求。尽管对"何为公平",人人心中有杆秤,但对"公平"的诉求影响着人际关系,也影响着经济发展。自古以来,中国文化中就有"不患寡而患不均"的观念,"共同富裕是社会主义的本质要求,是人民群众的共同期盼"[①]。所以,"做大蛋糕"和"分好蛋糕"是社会合作与经济发展中密不可分的两个问题。本章将重点讨论博弈参与者的"公平"诉求对谈判结果的影响。

6.1 分饼博弈

【课堂实验】分饼博弈

教室中同学两两随机匹配,每两个同学一组进行分饼博弈,相互不知道彼此身份。每组有100元在两人之间分配,游戏规则要求每个人同时提出自己索要的份额 $s_i \in [0, 100]$,如果 $s_1 + s_2 \leqslant 100$,那么按各自索要的份额分配,如果有剩余则上缴,双方都得不到;如果 $s_1 + s_2 > 100$,那么,每个人都得到0。

问题:你会选择多少?

---

① 2020年10月,习近平关于《中共中央关于制定国民经济和社会发展第十四个五年规划和二〇三五年远景目标的建议》的说明。

在讨论实验结果前,我们先来分析这个博弈的纳什均衡。显然,大家比较容易达成共识的是:(50,50)是纳什均衡,给定别人要50,我自己也会要50。那么(90,10)是不是纳什均衡?对这个问题的回答可能会出现分歧,要回答这个问题,我们先回顾一下对博弈描述的三要素:参与者、策略和偏好。导致分歧的原因在于偏好,在没有设定参与者偏好的情况下,答案是不确定的。

6.1.1 预期协调与分配

我们先考虑一个相对简单的情形,假设参与者都是"经济人",只在意自己的收益,追求个人收益最大化,令 s_1, s_2 分别是参与者1和2在博弈中策略选择,根据博弈规则,一个只关心自己收益的参与者支付函数可以表示为:

$$u_1(s_1, s_2) = \begin{cases} s_1 & 如果 s_1 + s_2 \leq 100 \\ 0 & 如果 s_1 + s_2 > 100 \end{cases}$$

在这种情况下该博弈的纳什均衡是什么?

在"经济人"偏好下,给定2索要90,1的最优反应是要10;反过来,给定1要10,2的最优反应是索要90,所以,(10,90)就是纳什均衡。更一般地,我们可以得到1的最优反应:

- 如果2索要的份额 s_2 低于100,即 $s_2 \in [0, 100)$,那么1的最优反应就是索要剩下的部分,即 $r_1(s_2) = 100 - s_2$;
- 如果2索要的份额 $s_2 = 100$,此时,对于1而言,索要任何份额,自己的支付都是0,0~100的策略无差异,所以,如果对方要100,1的最优反应可以是0~100之间的任意一个份额,即 $r_1(s_2) \in [0, 100]$;

类似的也可以得到2的最优反应,一般地我们可以表示为如下函数形式:

$$r_i(s_j) = \begin{cases} 100 - s_j & 如果 0 \leq s_j < 100 \\ [0, 100] & 如果 s_j = 100 \end{cases} \quad i, j = 1, 2$$

图6.1中的(1)和(2)分别表示了参与者1和2的最优反应。根据定义,纳什均衡策略组合要求参与者的策略互为最优反应,从图形上看,就是双方最优反应交叉重合的点。所以,我们得到该博弈存在两类纳什均衡为:

(1) (s_1, s_2) 满足 $s_1 + s_2 = 100, s_i \in [0, 100], i = 1, 2$;

(2) $(s_1, s_2) = (100, 100)$

双方最优反应在点(100,100)处相交,即双方策略互为最优反应,所以该策略组合也是纳什均衡。

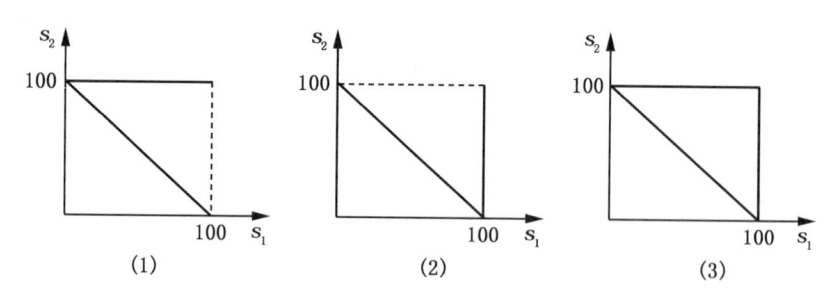

图 6.1 参与者最优反应与纳什均衡

我们看到在"经济人"偏好下,该博弈存在无穷个纳什均衡。在这些纳什均衡中,其中(100,100)下双方都得到 0,所以是无效率,第(1)类纳什均衡则都是帕累托有效的均衡,但是除了(50,50)外,其他都是分配不对称的情形。

6.1.2 开放社会中的预期协调:对称公平观

所以,双方存在比较困难的预期协调问题,双方会协调到哪个均衡? 在实验中,双方没有沟通渠道,同时行动的情况下如何进行协调? 是否会出现大面积协调失败情形?

我们课堂上的实验结果显示,90%以上的同学选择了 40—50 的份额,总体来讲,协调的效率很高。在实验中,大家比较"默契"地选择了 50,或者以(50,50)为决策参照点做适当的微调。那么,存在无数个纳什均衡的情况下,为什么实验参与者会协调到(50,50)这个均衡?

回想我们决策时的情形,我们在决策时很自然地认为(50,50)是一个公平合理的方案,而且认为其他参与者也会这样想,可能部分参与者出于风险规避,保险点选择了比 50 少一点的份额。尽管该博弈的纳什均衡很多,但是我们普遍认同的公平价值观念协调着大家的选择。这种文化或公平价值观的意义不仅仅影响我们自己的选择,而且使每个人都更容易预期他人的选择,从而将大家的选择从众多均衡中聚焦到(50,50)这一均衡上。这种协调机制的有效条件是每个参与者知道所有参与者都认同(50,50)这种公平价值观。想象一下,如果你参加一个分饼博弈实验,告诉你,参加实验的成员有来自世界各个地区的人,甚至有监狱里的黑帮老大、原始部落的首领等。在这种背景下,你的选择是否会有差异?

显然,(50,50)的分配方案或价值观并不是全世界所有组织或群体所遵循的价值观。但是,我们也观察到,世界上成熟的文明都趋向于形成50—50的公平价值观,而不是其他的价值观(比如:30—70),这其中的内在逻辑是什么?

我们把原分饼博弈进行简化,每个参与者只能从三种份额中选择一个:30、50或70,该简化博弈的支付矩阵见图6.2。

参与者2

		30	50	70
参与者1	30	30,30	30,50	30,70
	50	50,30	50,50	0,0
	70	70,30	0,0	0,0

图 6.2　分饼博弈

该博弈的三个纯策略纳什均衡可以分为两类:
- 第一类均衡:(70,30)、(30,70);
- 第二类均衡:(50,50);

第一类均衡中双方的分配是不对称的,此时就存在一个协调问题,谁拿30或70? 在实际互动中,这类均衡很多依赖于身份协调,一方面要求在文化或习俗上确定不同身份应该拿的份额,一般按身份确定各自的地位,地位高的拿大份额(70),地位低的拿小份额(30),如果地位相同那么就各拿一半,按(50,50)分。另一方面要求在博弈中彼此的身份是共同知识,一旦在匿名情形下,不知道对方的身份,那么双方都没法确定自己的相对地位和应该拿的"合理"份额,从而导致协调失败。比如双方都认为自己处于等级较高的一方,最终的策略组合为(70,70),导致双方都得到0;或者双方都以为自己处于低等级,导致(30,30)这样无效率的结果。

相反,(50,50)的价值观更有利于匿名开放社会中的合作协调,因为具有对称性,只要是在同一个文化中,就可以预期对方会选择50,所以,在不知道对方身份的情况下双方就可能实现有效的协调。

> 小结：
> (1)文化或公平价值观在人类互动中扮演着重要的预期协调作用,从而实现有效的合作;
> (2)(50,50)的公平价值观具有对称性,能够更有效地协调匿名开放社会中的合作。

6.2 最后通牒博弈

【课堂实验】最后通牒博弈

参与者1和2共同分配100元,参与者1先行动,决定给参与者2的数额x,剩下部分归参与者1;参与者2看到1的方案后,决定接受该方案或拒绝。如果选择接受,那么最终的分配就是:$(100-x,x)$;如果2拒绝1的方案,那么最终的收益是$(0,0)$,如图6.3。

问题1:如果你是参与者1会提议多少给参与者2?

问题2:如果你是参与者2,当对方提议20元时,你选择接受还是拒绝?

6.2.1 不平等厌恶与收入分配

图6.1中的分饼博弈,双方的谈判地位是对称的,在现实生活中,很多时候由一方占据主导权,比如最后通牒博弈。在最后通牒分配博弈中,由参与者1(提议者)提出一个分配方案,参与者2(回应者)可以选择接受该方案,也可以选择拒绝。如果接受,那么参与者1得到$100-x$,参与者2得到x;如果拒绝,那么谈判破裂,双方都得到0。提议者往往以不再谈判为威胁迫使对方接受自己的方案。当然,运用该策略的一个很重要前提是让对方相信这确实是最后一次机会,即"不再谈判"是一种可信的威胁。我们现在给定威胁可信的情况下来讨论哪些因素会影响这一谈判策略的效果。

在最后通牒博弈中,参与者1愿意给2多少份额主要取决于对参与者2反应的预期。如果参与者2只在意自己的收益高低,不在意双方收益的差距,那

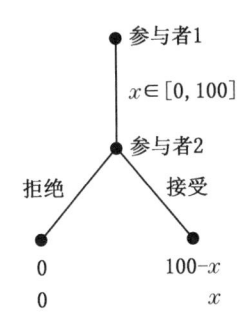

图 6.3　最后通牒博弈

么,面对任意 $x \geq 0$ 的提议,参与者 2 都会接受,即使是 $x=0$,对参与者 2 而言,接受与拒绝无差异。所以,如果预期参与者只在乎个人收益的大小,那么,参与者 1 会提议 $x=0$,或者提议一个最小货币单位的份额给参与者 2。但是,参与者会接受 $x=0$ 或一个比较小的份额吗？古斯和施瓦茨(Guth and Schwartz, 1982)首次用实验的方法分析了最后通牒博弈中参与者的行为,大量实验得到的基本实验结果可以归纳为以下几点：

(1) 很少出现超过 0.5 的提议；

(2) 多数提议位于 0.4 与 0.5 之间；

(3) 低于 0.2 的提议很少；

(4) 接近 0.5 的提议一般不会被拒绝,而低于 0.2 的提议被拒绝比率很高。

随后的近百个最后通牒博弈实验结果显示,低于 20% 的提议的拒绝率高达 40%—60%(费尔和施密特,Fehr and Schmidt, 1999)。

我们如何解释实验中参与者 1 选择一个远大于 0 的提议？这里可能的原因有两大类：

• 参与者 1 对参与者 2 收益的关心,不管是出于利他性还是对收益差距的厌恶,都会使参与者 1 不愿意选择一个很低份额给参与者 2；

• 出于对参与者 2 拒绝可能性的预期,考虑到较低提议会被参与者 2 拒绝,所以,参与者 1 策略性提高提议份额。

那么,参与者 2 为什么会拒绝一笔 10% 或 20% 的提议？显然,这里参与者 2 不是一个简单的货币收益最大化者,他还在意分配的公平性或收益分配差距的大小。当我们收到一个 10% 或 20% 的提议时,我们会觉得不开心,觉得双方收益差距太大了,甚至觉得有一种被冒犯的感觉。现实生活中的我们不仅在意自己的个人收益,而且在意双方的收益差距,我们会在个人收益和收入差距厌恶之间进行权衡,就如我们在不确定下对收益与风险的权衡一样。当我们的收入差距厌恶足够强,因拒绝而放弃的收益又不是很高时,我们会选择"宁为玉碎,不为瓦全",即愿意为了维护公平的结果而付出一定的代价。每个人或多或少都有这种倾向,区别在于我们为了公平的结果愿意付出的代价大小存在差异。

实验中我们可以观察到不同参与者拒绝的临界点是存在差异的,有的人要求的份额不能低于30%,有的人可能是5%。在博弈中,如果1预期2可接受的最低提议(临界点)是30%,那么1的最优选择就是提议30%,从而2得到30%份额。但是,如果1预期2的临界点是10%,那么就会提议10%,从而2得到10%的份额。所以,2能够得到多少取决于1对2的价值取向的预期或判断,这里,2的价值取向具有了自我实现性质。

作为一个社会群体,会形成群体的差距厌恶程度,成为这个群体的共同知识,那么这个共同知识就成为影响分配的重要因素。一个愿意"默认10%是可接受"的群体中就会出现较大的收入差距,而另一个"默认30%才是可接受的"的群体,可能会形成一个相对比较小的收入差距。一个群体的价值观与群体的收入差距具有一定的自我实现性质。

【习题6.1】不平等厌恶或收入差距厌恶

在最后通牒博弈中,收入差距厌恶程度越强得到越多,这是否意味着我们的收入差距厌恶越高越好?在生活中,大多数群体并没有形成极端的收入差距厌恶,哪些因素会抑制这种厌恶的不断增强?又是什么因素决定了一个群体的收益差距厌恶程度?

6.2.2 公平的标准:框架效应

从展望理论框架来讲,20%提议之所以会被认为是一种冒犯或觉得不可接受,其关键点在于参与者2在评估20%时所锚定的参照点。如果我们的参照点是 0(拒绝时的收益),那么,我们会觉得得到 20% 也是一个不错的结果;在生活中"我应该得到多少"是一件简单而又复杂的事,从当事人来讲,觉得"这不是很应该的吗"。但从众多的观察来看,这个"应该得到的份额"的决定则是很复杂,受个人偏好以及博弈结构等多种因素的影响,而且参与者之间对谁"应该"拿多少往往会存在冲突,由此也就衍生出现实分配博弈中诸多矛盾。

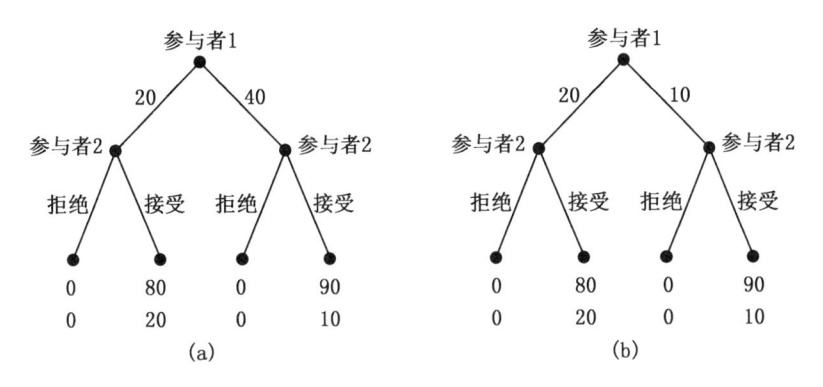

图 6.4 最后通牒博弈:框架效应

下面,我们来看两个简化后的最后通牒博弈,对比两个博弈中的拒绝率,我们就可以理解参照点变化后面可能的原因。在图 6.4 的两个最后通牒博弈中,参与者 1 都选择了 20,面对同样的 20,两个博弈中参与者 2 的反应可能截然不同。实验结果跟我们的直觉都显示左边最后通牒博弈(a)中的拒绝率要远高于(b)中拒绝率。从我们直觉来看,在框架(a)中,参与者 1 在 20 和 40 两种方案中选择了不利于参与者 2 的选择"20",参与者 2 感受不到任何善意,甚至是恶意,引致参与者 2 的不满;但在框架(b)中,参与者 1 在两种方案 20 和 10 中选择了一个有利于 2 的选项,参与者 2 从 1 的选择中感受到了一种善意,尽管自己的收益是 20 远少于 1 的收益,但是面对 1 的善意,2 愿意接受这个提议。

如果用展望理论来解释,这里的关键在于两个博弈中参与者 2 的参照点存在差异。在(a)中参与者 2 的参照点要比(b)中高,如果是以另外一个选项作为参照点,那么同样的 20,在(a)中就会被看作是损失了 20,而在(b)中则是收益了 10。由此可以解释为什么在(a)中会拒绝 20,而在(b)中会接受 20。

6.3 讨价还价:耐心与分配

6.3.1 三阶段讨价还价博弈

最后通牒博弈中提议人处于明显的谈判优势位置,使得提议人可以获得一个较大的份额。在生活中更多的是双方讨价还价,可以进行多轮谈判。比如:第一轮谈判由 1 先出价,2 做回应;如果第一轮谈判失败,谈判进入第 2 轮,由 2 提议,1 做回应;如果博弈进入到第三阶段,再次轮到 1 提方案,2 回应,……。理论上,双方可以无穷期进行下去,构成一个无限期的博弈,看上去无从逆向推理。但是,我们看到,如果双方在前 2 轮谈判失败,那么谈判又回到了起点。因为这是一个无限期博弈,从第三轮 1 提议开始的博弈与从第一轮开始的原博弈是等价的。

我们不妨从图 6.5 中的三阶段谈判问题开始分析,假设前两轮谈判失败,双方都预期在第三阶段会按 $(1-x, x)$ 方案分配。

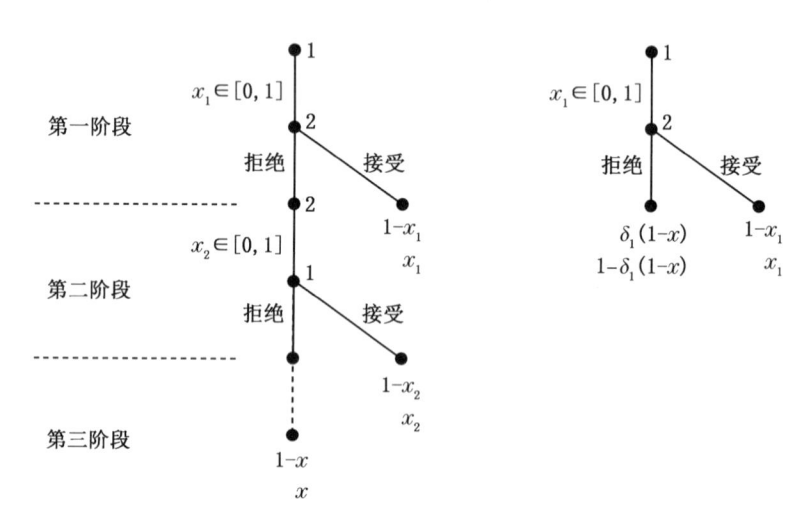

图 6.5 三阶段讨价还价博弈

每一轮谈判为一个阶段,记 $\delta_i \in [0,1]$ 为参与者 i 的跨期贴现因子,δ_i 越大表示参与者 i 越有耐心。对于参与者 2 而言,第三阶段得到的 x,在第二阶段该

收益的现值为 $\delta_2 x$，在第一阶段时该收益的现值为 $\delta_2^2 x$。如果 $\delta_2=0$，则表示第三阶段得到的 x，在第一阶段对参与者 2 来讲价值为 0。

根据逆向推理的逻辑，我们从第二阶段的最后一个决策结点参与者 1 的决策开始逆向分析该博弈。

第一步：给定参与者 2 提出方案 x_2，参与者 1 的最优反应 $r_1(x_2)$。

- 如果 1 选择接受，直接得到 $1-x_2$；
- 如果 1 选择拒绝，那么再等一期，可以得到 $1-x$。该收益在第二期的现值为 $\delta_1(1-x)$。

所以，当 $1-x_2 \geqslant \delta_1(1-x)$ 时，参与者 1 愿意选择接受，反之会拒绝，等待第三阶段的 $1-x$。参与者 1 的最优反应可以表示为：

$$r_1(x_2) = \begin{cases} 接受 & 如果 \ x_2 \leqslant 1-\delta_1(1-x) \\ 拒绝 & 如果 \ x_2 > 1-\delta_1(1-x) \end{cases}$$

从 1 的最优反应，我们可以看到，1 越是有耐心，那么愿意分给 2 的份额临界值越低，反之，如果 1 没有耐心，那么，为了得到当期的收益而让出更多的份额。

第二步：给定对参与者 1 最优反应的预期 $r_1(x_2)$，分析参与者 2 的最优提议 x_2^*。

如果参与者 2 提议 $x_2 \leqslant 1-\delta_1(1-x)$，可以预期参与者 1 会接受，参与者 2 得到 x_2。在这一策略下，最大化参与者 2 支付的策略为 $x_2=1-\delta_1(1-x)$，参与者 2 的支付为：$u_{2A}=1-\delta_1(1-x)$

如果参与者 2 提议 $x_2 > 1-\delta_1(1-x)$，那么可以预期参与者 1 会拒绝，参与者 2 等到第三阶段得到 x，该支付在第二阶段的现值为 $u_{2R}=\delta_2 x$。

对任意 $0 \leqslant \delta_1 \leqslant 1, 0 \leqslant \delta_2 \leqslant 1$，都有 $u_{2A}=1-\delta_1(1-x) \geqslant \delta_2 x = u_{2R}$[①]。对于参与者 2 而言，在第二阶段能够让 1 接受的最佳提议总是比被拒绝来得好。所以，2 的最优选择是提议 $x_2^*=1-\delta_1(1-x)$。

所以，谈判双方在第一阶段谈判时可以预期，如果进入第二阶段，双方可以得到的收益分别为：$u_1=\delta_1(1-x)$, $u_2=1-\delta_1(1-x)$。

---

① 对任何 $0 \leqslant \delta_1 \leqslant 1, 0 \leqslant \delta_2 \leqslant 1, 0 \leqslant x \leqslant 1$，都有 $1-\delta_1 \geqslant \delta_2-\delta_1 \geqslant (\delta_2-\delta_1) \cdot x = \delta_2 x - \delta_1 \cdot x$，得到 $1-\delta_1+\delta_1 x \geqslant \delta_2 x$，即 $u_{2A}(x) \geqslant u_{2R}(x)$。

第三步：给定对第二阶段谈判结果的预期，分析第一阶段参与者 2 面对参与者 1 的提议 x_2 最优反应 $r_2(x_1)$。

如果参与者 2 选择接受，直接得到 x_1；

如果参与者 2 选择拒绝，那么再等一期，可以得到 $1-\delta_1(1-x)$。该收益在第一阶段现值为 $\delta_2(1-\delta_1(1-x))$。

所以，当 $x_1 \geq \delta_2(1-\delta_1(1-x))$ 时，参与者 2 愿意接受 x_1，反之会拒绝，等待第二阶段的 $1-\delta_1(1-x)$。参与者 2 的最优反应可以表示为：

$$r_2(x_1) = \begin{cases} \text{接受} & \text{如果} x_1 \geq \delta_2(1-\delta_1(1-x)) \\ \text{拒绝} & \text{如果} x_1 < \delta_2(1-\delta_1(1-x)) \end{cases}$$

第四步：给定对参与者 2 最优反应的预期 $r_2(x_1)$，分析第一阶段参与者 1 的最优提议 x_1^*。

如果参与者 1 提议 $x_1 \geq \delta_2(1-\delta_1(1-x))$，可以预期参与者 2 会接受，参与者 1 得到 $1-x_1$。在这一策略下，最大化参与者 1 支付的策略为 $x_1 = \delta_2(1-\delta_1(1-x))$，1 的支付为：$u_{1A} = 1-\delta_2(1-\delta_1(1-x))$

如果参与者 1 提议 $x_1 < \delta_2(1-\delta_1(1-x))$，那么可以预期参与者 2 会拒绝，参与者 1 等到第二阶段得到 $\delta_1(1-x)$，该支付在第一阶段的现值为 $u_{1R} = \delta_1^2(1-x)$。

对任意 $0 \leq \delta_1 \leq 1, 0 \leq \delta_2 \leq 1, 0 \leq x \leq 1$，都有 $u_{1A} = 1-\delta_2+\delta_2\delta_1(1-x) \geq \delta_1^2(1-x) = u_{1R}$①。所以 1 的最优选择是提议 $x_1^* = \delta_2(1-\delta_1(1-x))$。

由此，我们得到该三阶段讨价还价博弈的逆向推理解为：

第一阶段参与者 1 提议 $x_1^* = \delta_2(1-\delta_1(1-x))$，参与者 2 接受该提议。双方的支付：

$$u_1 = 1-\delta_2+\delta_1\delta_2(1-x), \quad u_2 = \delta_2(1-\delta_1(1-x))$$

由此，我们可以得到：参与者 1 越耐心，δ_1 越大，参与者 1 得到的份额越高，参与者 2 的份额越小；反过来，如果参与者 2 越耐心，δ_2 越大，参与者 2 得到的份额越高，参与者 1 的份额越小。

在谈判中，耐心是一种非常重要的谈判力，越是急着要结束谈判，那么谈判

---

① 对任意 $0 \leq \delta_1 \leq 1, 0 \leq \delta_2 \leq 1, 0 \leq x \leq 1$，都有 $1-\delta_2 \geq \delta_1-\delta_2 \geq \delta_1(\delta_1-\delta_2) \geq \delta_1(\delta_1-\delta_2) \cdot (1-x) = \delta_1^2(1-x)-\delta_1\delta_2 \cdot (1-x)$，得到 $1-\delta_2+\delta_1\delta_2(1-x) \geq \delta_1^2(1-x)$，即 $u_{1A} \geq u_{1R}$。

桌上得到的份额就越低。

6.3.2 无限期讨价还价博弈

现在考虑在没有第三方分配方案的情况下，由双方讨价还价决定最终方案，理论上他们可以进行无限期的轮流出价谈判。

第一轮谈判由 1 先出价，2 做回应，如果进入第 2 轮，由 2 提议，1 做回应；如果博弈进入到第三阶段，再次轮到 1 提方案，2 回应……。如果双方在前 2 轮谈判失败，那么谈判又回到了起点。因为这是一个无限期博弈，从第三轮 1 提议开始的博弈与从第一轮开始的原博弈是等价的，一般地讲，从奇数期（第 1 期、第 3 期、第 5 期…）开始的博弈与原博弈是等价的。为了简化讨论，我们假设 $\delta_1 = \delta_2 = \delta$。

假设整个博弈存在逆向推理解，支付分别为 $(1-x, x)$，这一结果也适用于从第三期开始的博弈，即双方可以预期，如果谈判到了第 3 期，那么该博弈的均衡结果是 $(1-x, x)$，给定这一预期，我们借助前面三阶段谈判博弈的结果，由此产生这个博弈第一阶段 1 的最优提议量为：

$$x_1^* = \delta(1 - \delta(1-x))$$

记 x_H 和 x_L 分别是参与者 2 在原博弈逆向归纳解下可能得到的最高收益和最低收益，由此得到 $f(x_H)$ 和 $f(x_L)$。因为 $f(x)$ 是 x 的递增函数，所以有：

$$f(x_H) = x_H \text{ 和 } f(x_L) = x_L$$

由此得到：

$$x_H^* = \frac{\delta}{1+\delta}, \ x_L^* = \frac{\delta}{1+\delta}$$

所以，该博弈的逆向推理解中，参与者 2 得到的收益为：$u_2 = \dfrac{\delta}{1+\delta}$，$u_1 = \dfrac{1}{1+\delta}$

当双方的耐心程度趋于无限时，贴现因子 $\delta = 1$，双方将均分资源，如果是有限耐心，那么先出价一方获得一定的先动优势，越是缺乏耐心，那么这种先动优势就会更加明显。

从这里我们也可以看到，在对等谈判力的情况下，平均分配也是无限耐心下无限期讨价还价博弈的均衡结果,这也是对对称性分配的另一种解释。

6.4 国际分工与大国博弈

6.4.1 纸牌游戏[①]

【课堂实验】纸牌游戏 I

游戏中有 26 张黑牌和 26 张红牌,玩家 1 持有 26 张黑牌,玩家 2—27 各持有 1 张红牌。一张黑牌与一张红牌组成一对牌,每一对牌可以兑换 100 元,单独的一张黑牌或红牌价值都为 0。

在游戏中,玩家 1 将以一定的价格分别向其他玩家购买红牌,交易价格由双方自愿的一对一讨价还价决定,如果交易成功,那么可以去兑换 100 元。

问题 1:玩家 1 与其他玩家的讨价还价可能达成的价格会是多少?

玩家 1 和其他玩家可以自由地进行谈判。唯一的规则是其他玩家不能以小组的形式与玩家 1 进行交易。他们必须以个人身份和玩家做交易。谈判将产生什么样的结果?

市场上有 26 张黑牌,26 张红牌,黑牌集中在玩家 1 手中,红牌玩家各自持有一张红牌。假如你是红牌玩家中的一员,玩家 1 出 20 元来换你的红牌,你会接受吗?

在这个游戏中,大家的第一反应几乎都是相同的:认为玩家 1 垄断了所有黑牌。如果想达成交易,红牌玩家都不得不去找他。所以,玩家 1 在交易中处于有利地位。

实际上,你的地位比表面看起来有利得多。所以拒绝这 20 元,让游戏继续进行。也许你可以得到 90 元,即使他不接受你这个出价也不必担心,稳稳地坐着。即使你和玩家 1 不能马上达成协议,但游戏还没有结束。

如果玩家 1 和其余 25 位玩家分别进行了交易,然后怎么样呢?他只剩一

[①] 本案例改编自纳尔伯夫和布兰登伯格著《合作竞争》按为人民出版社,2000 年版,第 46 页。

张黑牌,就缺一张红牌,这时玩家 1 对你的需要和你对他的需要是一样的。现在你们的地位完全相同,在这场一对一的交易中谁都没有优势,五五分成将是最可能的结果。

【课堂实验】纸牌游戏 II

如果现在有一张额外的红牌,玩家 1 不能直接拿这张红牌与自己的黑牌组队,但是在游戏开始前,玩家 1 可以邀请另外一个参与者持有该红牌参与接下来的红牌交易,此时市场上将有 27 张红牌。

问题 2:现在他邀请你参与这个游戏,你愿意支付(或收取)多少钱接受邀请参加这个游戏?

现在考虑多出一张红牌的情形,黑牌数量没有改变,仍然是 26 张,但是红牌有 27 张了。此时,玩家 1 和其他 27 个红牌玩家间的谈判将如何结束?玩家 1 的谈判结果会不会因为你的参与而发生变化?

假设你是红牌玩家中的一员,玩家 1 出价 20 元来换你的红牌。你是接受,还是坚持要更多?

如果你仍使用以前的交易策略,你会大吃一惊的。这一次,坚持是一种很糟糕的想法。因为,如果市场上只有 26 张红牌,他需要与所有 26 个红牌玩家谈判以完成全部的匹配。如果你拒绝了玩家 1 的第一次提议,可以等他回来再次谈判。但在有 27 张红牌的情况下,玩家 1 是在做一个类似抢椅子的游戏,将有 1 个红牌玩家被淘汰出局。你若拒绝 20 元并提出 90 元的要求,玩家 1 会从你身边走开,并且再也不会回来,你的结局是除了一张红牌外什么也得不到。

第二种情形与第一种情形的关键差异在什么地方?在第一种情形下,玩家 1 那张黑牌缺了你那张红牌毫无价值,所以你那张红牌的边际价值为 100 元;但是在第二种情形下,缺了你那张红牌,玩家 1 那张黑牌还是能够找到一张红牌跟他配对,你那张红牌的边际贡献为 0 了。

我们用下面一个略微抽象一点的例子来正式说明两种情形下玩家 1 与其他玩家谈判力的差异。参与者 1 和参与者 2 讨论是否合作一个项目,如果合作双方能够创造价值为 V,就如玩家 1 黑牌和玩家 2 红牌配对能够产生 100 元。

当然双方也可以不合作,那么双方可以得到的收益为 r_1 和 r_2,我们称这个收益为参与者的保留收益,也称为谈判威胁点,表示谈判失败时双方的收益水平。大家如果有过谈判经历,很显然,这个保留收益对于我们谈判中能够获得的收益至关重要。在纸牌游戏中,第一种情形下,如果谈判失败双方的保留收益都为 0,但是在第二种情形下,玩家 2 如果与玩家 1 谈判失败,他的保留收益为 0,而玩家 1 离开了玩家 2 还可以有别的机会,如果在别的玩家手中以 p 价格买到红牌,那么就可以得到 $100-p$ 单位,所以他此时的保留收益肯定大于 0。

6.4.2 纳什谈判解

现在我们考虑两个人 1 和 2 之间的合作谈判问题。记双方成功合作能够创造的总价值为 V,比如玩家 1 和玩家 2 达成交易可以交换到 100 元,即 $v=100$ 元。双方也可能谈判失败,不合作,记不合作时双方分别得到的收益为 r_1 和 r_2,该收益可以理解为双方的保留收益。比如,在 26 张黑牌和 26 张红牌情形中,离开对方手中的牌,各自手中的牌的价值为 0,所 $r_1=r_2=0$。我们讨论的情形中,合作是有价值的,从双方体利益看,合作比不合作好,即 $V>r_1+r_2$。相对于不合作情形,合作关系所带来的净价值为 $V-r_1-r_2$。

双方就 V 的分配进行谈判,记双方在合作中得到的收益分别为 x_1 和 x_2,应该满足:$x_1+x_2 \leqslant V$。

同时,参与者愿意加入合作关系,要求在合作关系中得到的收益不低于自己的保留收益,所以,分配方案 (x_1,x_2) 应该满足以下参与约束条件:

$$x_1 \geqslant r_1, x_2 \geqslant r_2$$

给定参与约束条件,在谈判中 1 和 2 至少要拿到 r_1 和 r_2,双方的分配谈判实际上就合作的净价值 $V-r_1-r_2$ 的分配进行谈判。如果双方的其他影响谈判力的因素相同,那么双方的讨价还价的结果很可能是平分 $V-r_1-r_2$,所以有

$$x_1-r_1=x_2-r_2=(V-r_1-r_2)/2$$

由此得到:

$$x_1=r_1+\frac{(V-r_1-r_2)}{2}=\frac{V}{2}+\frac{1}{2}r_1-\frac{1}{2}r_2$$

$$x_2=r_2+\frac{(V-r_1-r_2)}{2}=\frac{V}{2}-\frac{1}{2}r_1+\frac{1}{2}r_2$$

这是纳什当年提出的一个双边谈判问题分析框架的简化版本,这一框架帮助我们更好地理解保留收益对谈判力以及双方收益分配的影响。

在纸牌游戏第一种情形下,玩家 1 有 26 张黑牌,玩家 2—玩家 27 各自拥有 1 张红牌。此时,当玩家 1 和玩家 2 谈判时,$V=100$,$r_1=r_2=0$,所以

$$x_1=x_2=50$$

$$x_1=0+\frac{(100-0-0)}{2}=50$$

$$x_2=0+\frac{(100-0-0)}{2}=50$$

在双方其他方面对等的情况下,红牌最可能的价格为 $P=50$ 元。

在纸牌游戏第二种情形下,玩家 1 有 26 张黑牌,市场上有 27 张红牌,玩家 2—28 各自拥有 1 张红牌。此时,当玩家 1 和玩家 2 谈判时,合作创造的价值和玩家 2 的保留收益没有发生变化:$V=100$,$r_2=0$。但是,玩家 1 如果与玩家 2 谈判失败,哪怕玩家 2 撕掉了自己的红牌,玩家 1 还是可以预期在接下来与红牌持有者谈判中,自己可以以 50 元价格买到红牌,所以,自己手中的黑牌保留价值 $r_2=50$ 元。此时,根据纳什谈判解,双方的收益为:

$$x_1=50+\frac{(100-50-0)}{2}=75$$

$$x_2=0+\frac{(100-50-0)}{2}=25$$

6.4.3 你的参与改变了博弈

现在我们再来看第二个问题,如果现在玩家 1 邀请你参加这个游戏,你可以得到一张红牌,然后参与随后的谈判。你愿意支付多少钱?或者说你索要多少钱才愿意参加?

根据前面的分析,你的参与将改变原有玩家之间的利益分配。在第一种情形下,玩家 1 以 50 元价格购买 26 张红牌,兑换 2600 元,净收益为 $R_1=26\times50=1300$ 元。

在第二种情形下,玩家 1 以 25 元价格购买 26 张红牌,兑换 2600 元,净收益

为 $R_1=26×75=1950$ 元。

所以,由于你的参加,玩家 1 的收益可以增加 650 元,那么你是否可以分享这部分收益呢? 所以,此时你可以大胆提出要玩家 1 付钱请你参加。

如果现在你是玩家 1,但是找不到第 27 张红牌来改变博弈的结构,根据前面讨论给我们的启发,玩家 1 可以怎么做来提高自己的收益呢?

对,你直接撕掉一张黑牌!撕掉一张黑牌,尽管整体价值将损失 100 元,但是,玩家 1 的谈判地位一下子提高了,这使得你在谈判中获得更大的份额。借鉴前面讨论的结果,在 25 张黑牌,26 张红牌下的谈判结果,红牌价格为 25 元,此时,你的收益为: $R_1=25×75=1875$ 元。要比不撕掉那张黑牌时的收益 1300 元高。

这是纳什谈判解给我们的一个很重要的启示,或一种策略行动:为了提高自己在谈判中的收益,可以通过策略行动来提高自己的保留收益,即使这个行动可能会破坏总体价值,有时甚至可能采取行动来降低对方的保留收益。

6.4.4 大国博弈

在《管子·轻重戊》中记录了当年齐国收服鲁梁所采用的经济战略[①]。

桓公曰:"鲁梁之于齐也,千谷也,蜂螫也,齿之有唇也。今吾欲下鲁梁,何行而可?"管子对曰:"鲁梁之民俗为绨。公服绨,令左右服之,民从而服之。公因令齐勿敢为,必仰于鲁梁,则是鲁梁释其农事而作绨矣。"桓公曰:"诺。"即为服于泰山之阳,十日而服之。管子告鲁梁之贾人曰:"子为我致绨千匹,赐子金三百斤;什至而金三千斤。"则是鲁梁不赋于民,财用足也。鲁梁之君闻之,则教其民为绨。十三月,而管子令人之鲁梁,鲁梁郭中之民道路扬尘,十步不相见,绁繦而踵相随,车毂齵,骑连伍而行。管子曰:"鲁梁可下矣。"公曰,"奈何?"管子对曰:"公宜服帛,率民去绨,闭关,毋与鲁梁通使。"公曰:"诺。"后十月,管子令人之鲁梁,鲁梁之民饿馁相及,应声之正无以给上。鲁梁之君即令其民去绨修农。谷不可以三月而得,鲁梁之人籴十百,齐粜十钱。二十四月,鲁梁之民归齐者十分之六;三年,鲁梁之君请服。

[①] 谢浩范和朱迎平:《管子全译》,贵州人民出版社,2009 年版,第 843—844 页。

管子为了收服鲁梁之地,提出了经济战策略,这一策略背后的逻辑与当前中美博弈中美国策略有异曲同工之处。自 2019 年以来,美国不断加强先进芯片出口到中国的禁令,努力提高美国制造业能力,降低对中国的依赖等。从全球总体利益来讲,这些措施都是趋于降低中美两国的总收益,减缓两国的经济增长,但是能够提高美国在中美博弈中谈判力,从而提高全球价值分配中美国的份额。同理,中国也不愿意接受美国给中国分配的角色,满足于低端制造业,成为美国先进技术产品的外包制造商。这种分工格局下,中国就离不开美国的技术和市场,一旦脱钩,中国经济就会出现崩溃的风险,而美国则处于可以随时更换制造商的有利地位。所以,如果接受这样的分工,中国可能成为经济大国,但永远也成不了经济强国。这里背后的逻辑与管子为了收服鲁梁所采取的经济战策略异曲同工。为此,自党的十八大以来,习近平总书记高度重视关键核心技术创新攻关,强调加快建设科技强国,实现高水平科技自立自强。

本章要点

- 在分配博弈中公平价值起到重要的协调作用,而对称的公平价值观有利于提高匿名分配博弈中的协调效率;
- 最后通牒博弈中不平等厌恶是回应者拒绝的主要原因,不平等厌恶一旦成为共同知识,回应者在博弈中愿意接受最低份额具有自我实现性质;
- 在没有外部机会的讨价还价博弈中,耐心是很重要的决定收入分配的因素,当双方都具有无限耐心时,讨价还价的均衡将是平均分配;
- 当双方存在外部机会时,外部的保留收益将是决定合作收益分配的决定因素,纳什谈判解为我们分析这一问题提供了一个简单而有力的框架;

案例思考

6.1 国有企业改制中的资产定价

在 20 世纪 90 年代和 21 世纪早期,大量国有企业进行了改制,将一定比例的股份出售给个人和其他非国有企业,许多人批评在改制过程中出现了国有资产流失。其中一个很重要的依据就是股权转让价低于股权的净价值。

假定某个企业现在由政府100%所有,由于效率低下,总价值只有1000万元。设想有一个善于经营管理的民营企业家(假定这个企业家是唯一的买家)。如果政府将企业45%的股权转让给这个企业家(政府保留55%),企业的总价值就可以增加到5000万元。

(1)在上述情形下,运用纳什谈判解框架,你认为合理的转让价格应该是多少或在哪个区间?

(2)你认为政府可以通过哪些方法来提高国有资产的转让价格?

6.2 挟尸要价

《吕氏春秋》记载了如下一个故事:洧水甚大,郑之富人有溺者。人得其尸,富人请赎之。其人求金甚多。以告邓析。邓析曰:"安之,人必莫之卖矣。"得尸者患之,以告邓析。邓析又答之曰:"安之,此必无所更买矣。"

请运用本章的方法理解邓析观点的合理性。

6.3 狡兔三窟

《战国策·齐策四》记录了冯谖为孟尝君谋划设置三窟的故事。请结合原文回答以下问题:

(1)冯谖为孟尝君设置的三窟分别为哪三窟?

(2)请结合本章知识解读"三窟"对于孟尝君的价值;

(3)"狡兔三窟"策略在什么情况下可能会适得其反,失去合作机会?

第 7 章

搭便车与社会规范

> 在气候变化挑战面前,人类命运与共,单边主义没有出路。我们只有坚持多边主义,讲团结、促合作,才能互利共赢,福泽各国人民。[①]
> ——习近平在气候雄心峰会上的讲话,2020 年 12 月 12 日

全球气候变暖,各种极端天气频繁出现,影响着我们每一个人的生活。世界各国逐步达成共识,认识到要采取必要的措施来控制全球气温上升。尽管各国对于如何控制全球气候变暖、谁来承担成本等问题上存在很大分歧,但是,每个人都认可控制气候变暖是政府应有的职能,而不是单纯通过市场可以实现的。那么,控制气候变暖问题具备哪些特征,使得它是政府应该承担的责任?生活中哪些产品与服务也具有类似特征,它们也要由政府来提供吗?这些问题是许多重要公共政策争论中的核心。在这一章,我们将从博弈的视角来分析这类产品与服务的供给机制,尤其是探索私人供给的可能性。

---

① 习近平:《习近平在气候雄心峰会上的讲话》,2020 年 12 月 12 日。

> **《巴黎协定》大事记**
> - 2015年12月12日在第21届联合国气候变化大会上通过了《巴黎协定》，中国、美国等172个国家签署并加入该协定。《巴黎协定》的长期目标是将全球平均气温较前工业化时期上升幅度控制在2摄氏度以内。
> - 2017年6月1日，美国特朗普政府以该协定影响美国就业为由宣布退出《巴黎协定》，并于2020年11月4日正式退出。
> - 2020年9月22日，第七十五届联合国大会上，习近平主席宣布："中国将提高国家自主贡献力度，采取更加有力的政策和措施，二氧化碳排放力争于2030年前达到峰值，努力争取2060年前实现碳中和。"
> - 2021年1月20日，美国总统拜登签署行政令，美国将重新加入《巴黎协定》。

7.1 搭便车问题

7.1.1 公共品与私人品

控制全球气温与提供面包有什么区别？对这一问题的思考有助于理清用哪种框架来分析一种产品由私人提供还是政府提供。控制全球气温和提供面包都涉及我们每个人福利，但是，两者之间第一个重要区别在于，两个人不能同时消费一个面包，你吃了，对方就吃不了，哪怕分着吃，你多吃一口，对方就要少吃一口，双方存在直接的竞争关系。相反，如果控制了全球气温持续上升，减少极端天气，上海居民从中受益，这不会减少纽约居民从中得到的收益，尽管两地居民所得到的收益可能不同，但这种差异不是因为对方享受了良好的天气，双方没有竞争关系。我们称控制全球气候这种性质为非竞争性。两者之间第二个重要差异在于，我拥有了面包，能够很容易排除你对该面包的消费，但是，我却没法不让你享受"控制了全球气温后的良好天气"，我们称这一性质为非排他性。

非竞争性：一旦一种产品与服务被提供，新增一个人消费所新增的成本为0。

非排他性：阻止别人对该产品与服务消费的成本很高或不可能。

如果一种产品与服务同时具备非竞争性与非排他性，那么我们称它为纯公共品。国防就是一种典型的纯公共品，政府提供了国防服务，多一个人消费不影响其他人的消费，没有新增成本；同时，我们也没法阻止本国境内居民消费该服务。

相反，类似面包，同时具有竞争性和排他性，我们称其为私人品，我们在市场上交易的商品大多为私人品。

关于公共品，我们需要注意以下几个方面：

尽管每个人消费同样的数量，但是每个人对该公共品的评价或得到的效用并不一定相等。 比如寝室卫生，对于寝室所有成员而言，做好卫生工作，保持寝室干净是公共品，每个人都可以从整洁的寝室中受益，而且也无法排除其他成员分享这种收益，然而，每个寝室成员对寝室卫生的在意程度是存在差异的，有的同学可能很在意，而有的同学可能不是太在意。同样，对于全球气温控制，不同国家的感受存在明显的差异，对于沿海国家和地区，对于受气温变化影响较大的国家和地区，则更重视。类似的对于国防，边境地区的居民对国防中所得到的效用比内陆地区居民更高。

公共品的界定并不是绝对的，取决于市场与技术条件。 比如灯塔，曾经一直作为一种纯公共品来讨论。因为，灯塔一旦被点亮，给你的船引航，这不影响它给其他船引航，而且你也无法排除其他船只使用该灯塔。所以，在这种条件下，灯塔是纯公共品。但是，如果发明了一种干扰设备，除非轮船购买特定的信号接收装备，否则无法得到灯塔的信号。在这种情况下，灯塔的非排他性就不再成立。

许多产品与服务可能满足公共品定义中的一个条件，而不满足另一个条件。 纯公共品在生活中并不多，更多的是具有一定的"公共性"，这些产品或服务不一定完全具有非竞争性和非排他性，而是具有一定的非竞争性或非排他性。比如无线网络，在一个网络中，如果使用者不超过一定的数量，新增一个使用者不影响其他使用者的网速，所以具有非竞争性，但是一旦使用者过多，那么新增一个使用者会降低其他使用者的网速，产生"拥挤效应"；同时，通过网络密码登录技术手段可以排除其他人使用你家的无线网络，所以，它具有排他性。

道路、电梯等都具有类似的性质,我们称这些为准公共品。

作为公共品的诚信。 在上一章最后通牒博弈中回应者能够得到多少很大程度上取决于提议者对回应者拒绝临界值的判断,或者说回应者的不平等厌恶程度。提议者预期回应者不平等厌恶越强,越可能拒绝较低的提议,所以会提高提议量。那么,在不知道对方身份的情况下,提议者的预期如何形成?这种预期源自对回应者所处群体的不平等厌恶程度的判断。所以,一个群体的不平等厌恶程度越高,那么群体中的成员参与类似博弈时能够得到更高的份额。而且,这种不平等厌恶预期带来的收益具有非竞争性和非排他性,具有公共品的性质[①]。诚信则是另一种类似的公共品,在商业交易中,如果每个人都是诚信的,交易成本就会大幅度降低,整个社会都会受益,而且这种交易成本的下降具有非竞争性和非排他性,诚信被认为是一种影响经济发展的重要社会资本。

7.1.2 公共品私人供给博弈

公共品的供给与私人品的供给存在怎样的差异?在什么条件下需要政府来提供?我们通过以下公共品供给博弈来分析公共品供给中的困境。

在这一博弈中,两个参与者分别有20单位的资金,可以用于私人账户 x 或公共项目投资 y。投入到公共项目中,1单位投入可以产生1.6单位的收益,该收益由两个参与者平分;投资在私人项目上的资金没有额外收益。所以,公共项目中产生的收益具有非排他性,但是有竞争性,具有准公共品的性质。

给定策略组合 (y_1, y_2),参与者1和2的私人货币收益分别为:

$$R_1(y_1, y_2) = 20 - y_1 + 0.5 * 1.6(y_1 + y_2) = 20 - 0.2y_1 + 0.8y_2$$

$$R_2(y_1, y_2) = 20 - y_2 + 0.5 * 1.6(y_1 + y_2) = 20 + 0.8y_1 - 0.2y_2$$

从参与者的私人收益函数,我们可以看到,自己投入公共项目的资金越多,私人收益越低;而对方的投入越大,自己的收益越高。为简化讨论,我们将参与者可以选择的公共投入水平限制在0、20两种选择,即参与者的策略集为:$y_i \in \{0, 20\}, i=1, 2$。假设参与者只在意自己的货币收益,即参与者是自利的,该博弈的支付矩阵如下:

[①] 当然,在生活中,这种不平等厌恶并不是越高越好。

参与者 2

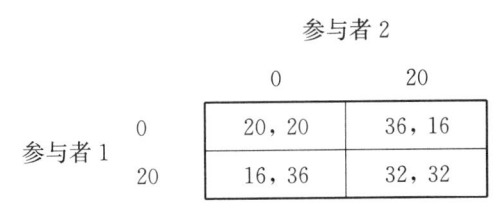

		0	20
参与者 1	0	20, 20	36, 16
	20	16, 36	32, 32

图 7.1 公共品自愿供给博弈

公共品有效供给量

在这个博弈中,公共品最优供给量是多少呢?从成本收益角度来看,公共项目投入的私人边际成本 $PMC=1$,公共项目的投入会给每个参与者都带来收益,我们将新增一单位公共项目投入给个人带来的边际收益记为:私人边际收益(PMR)。在该博弈中有 $PMR_1=PMR_2=0.8$。所以,公共项目投入所产生总边际收益记为公共品投入的社会边际收益(SMB)是所有参与者私人边际收益的加总,即 $SMB=PMB_1+PMR_2=1.6$。根据博弈的收益函数,始终有 $SMB>MC$,所以,从集体收益最大化的角度看,公共项目的投入越多越好,即最优的公共项目投入为 $y_1=y_2=20$。从图 7.1 支付矩阵可以看到,策略组合(20,20)是帕累托有效的,相对于策略组合(0,0)是帕累托改进。所以,该博弈中,集体最优的公共品供给量是 20。

搭便车问题

追求私人收益最大化的个体是否会选择 20?从支付矩阵可以看到,如果 2 选择 0,1 的最优反应是 0;如果 2 选择 20,1 的最优反应仍然为 0。所以,在该博弈中 0 是每个参与者的占优策略,不管对方是否选择投资到公共项目,自己的最优选择都是不投资,由此双方陷入典型的囚徒困境。

造成这种公共品供给困境的一种直观原因就是:每个参与者都希望别人提供公共品,自己免费分享公共品,我们称之为"搭便车"行为。这种行为在公共生活以及团队合作中普遍存在,比如学习小组的团队作业,每个小组成员共享小组的成绩,此时,谁来负责小组作业就是一个问题。

公共品供给中的搭便车问题是市场失灵的一种典型情形,即,以个体分散决策为基础的市场机制无法有效提供公共品。那么,比如明亮的路灯、宽敞的马路、漂亮的公园、良好的公共卫生等等都存在谁来提供的问题?现实中常见的一种解决方式就是政府提供,比如安全、基础教育、卫生等。但是,政府提供公共品也存在一定的局限性，社会与市场是否有可能提供一部分公共品？或者说政府如何通过构建合适的制度支撑，使得社会与市场能够有效提供公共品。政府、市场与社会相互协同解决公共品供给困境是本章的主题。

7.2 智猪博弈

7.2.1 智猪策略

回想大学寝室卫生问题，尽管我们有轮流值日等方式来落实卫生打扫，但几乎一个共同的经验是：一般都是少数几个室友承担起了寝室卫生的重任，另外几位尽管也会按值日表打扫卫生，但更多的是打酱油，很马虎。为什么？我们仔细观察就会发现一个共同点：承担卫生重任的室友往往会是对卫生比较敏感或比较热心的同学，简单来讲就是从打扫卫生中得到的获得感比其他同学强。这个观察给我的一个启示，每个成员对公共品的偏好存在差异时，如果这种差异足够大，公共品在私人供给下仍然可能是有效率的，帮助团队走出囚徒困境。经典的智猪博弈清晰地刻画了这一现象背后的逻辑。

现在考虑一头小猪和一头大猪被关在同一个猪圈中，食槽放在猪圈的一端，另一端安装了一个按钮，每次都需要按一下按钮食物才会进入食槽。每次按一下按钮的成本是 2 单位，两头猪都去按，各自要付出 2 单位成本，每按一次食槽中会出现 10 单位食物。

• 如果小猪按，大猪等待，大猪先到食槽，那么小猪只能吃到 1 单位食物；

• 如果大猪按，小猪等待，小猪先到食槽，那么小猪能够吃到 4 单位；

• 如果两头猪都去按，都要付出 2 单位成本，出来 10 单位食物；两头猪同时到达食槽，小猪只能吃到 3 单位。

食槽中的食物具有竞争性，但没有排他性，是一种准公共品。因为这里食物供给的成本不能分摊（只要去按的猪就要支付 2 单位的成本），所以，集体最优的选择是派一头猪去按，另一头猪等待。但显然，每一方都希望对方去"按"，自己搭便车。那么，两头猪是否会饿肚子呢？

【习题 7.1】

在实际生活中,如果双方有长期关系,那么是否可以选择轮流按？如果大猪提出这个建议,小猪是否接受呢？

我们先来分析一次性智猪博弈,我们用支付矩阵 7.2 表示该博弈。在该博弈中,大猪的策略选择依赖于它对小猪策略的预期。反观小猪,不管大猪是否去按,小猪的最优选择都是不按,"按"是小猪的严格劣策略,"不按"是小猪的占优策略。如果大猪知道小猪不会去按,那么大猪的最优选择就是按。此时,公共品得到了有效的供给,而小猪尽管进食速度比较慢,但是得到与大猪相等的净收益。得到这一结果的条件是:小猪是理性的,大猪知道小猪是理性的,所以理性的大猪就会选择按。

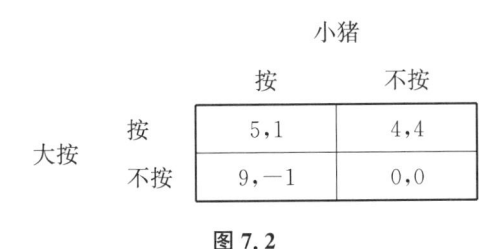

	小猪按	小猪不按
大按	5,1	4,4
不按	9,−1	0,0

图 7.2

【习题 7.2】

如果两头大猪或两头小猪关在一个猪圈会有什么结果？请用支付矩阵表示两头大猪之间的博弈并重点考虑先到优势与供给成本对博弈均衡的影响。

7.2.2 囚徒困境破解方式:大猪策略

从智猪博弈,我们可以看到解决公共品供给囚徒困境的一个常见的方式:引入大猪,这里所谓的大猪,就是对公共品偏好更强的参与者,或者说从公共品得到的收益比别的参与者高,而小猪相对而言从中获益比较低,或偏好不强的参与者。大猪与小猪要实现有效的协调,关键在于让大猪知道对方是"聪明"的小猪。回想大学宿舍的卫生,谁负责？"聪明"的小猪此时会显示出自己对卫生不介意,而那些有"洁癖"的同学则扮演大猪的角色,承担起寝室卫生的主要责任。

在团队合作中,为了解决团队生产的搭便车问题往往会在团队中引入一个负责人或主管。负责人不仅在团队生产中承担起协调、监督责任,更重要的是在团队收益分配中会得到比普通成员更高的收益。而且这个收益往往是在分给其他成员后剩下部分都归他。为什么要给他更大的份额,而且是剩余部分呢?原因不单单是他承担了协调管理与监督职责,更重要的是让他成为团队生产的"大猪",给与他提供团队公共品的激励,扮演起"大猪"的角色。

在公司治理中,股东聘用管理层来管理公司,就存在一个谁来监督管理层的问题。对管理层进行有效的监督可以改善公司治理,提高公司绩效,是所有股东的公共品。但是,监督是有成本的,对于小股东而言,通过"用手投票"来监督管理层,提高公司绩效,自己获得的收益不足以弥补监督成本。但是,如果存在一个大股东,那么他从公司绩效改进中可以得到更多的收益,足以弥补他监督的成本,他们会在公司治理中扮演起"大猪"的角色。所以,对于一家上市公司来讲,股权过于分散不是一件好事,需要适度集中引入若干大股东有助于改善公司治理,提高公司绩效。但是在法治不健全的情况下,如果对大股东的权力缺乏有效的制衡,反过来大股东可能侵害小股东利益。

7.3 互利偏好与供给品自愿供给

7.3.1 公共品自愿供给

费尔和格施特(Fehr and Gächter, 2000)对图 7.1 中的博弈进行了实验研究,分析了影响公共品私人供给效率的因素。在他们的实验中,每组实验都有四个成员参与,每个成员拥有 20 单位"代用币"作为初始禀赋。在实验中每个人需要决定将这 20 单位投入私人品投资 x 或公共品投资 y,满足 $x_i+y_i=20$。其他参数如第一节所介绍,即:

- 私人品投资:1 单位投入,产出也为 1 单位;
- 公共品投资:1 单位投入,总产出为 1.6 单位,但产出归小组集体所有,在全体成员中平分,所以,每个人可以分得 0.4 单位;

实验会进行多个轮次,每一轮都是随机分组,整个过程保持匿名,每个人只知道每一轮结束时自己的收益,不知道其他成员的身份信息或决策信息。实验结果见图 7.3(带空心点的折线)。在实验一开始,平均贡献量较高,随着参与者参与次数的增加,平均贡献量逐渐下降。

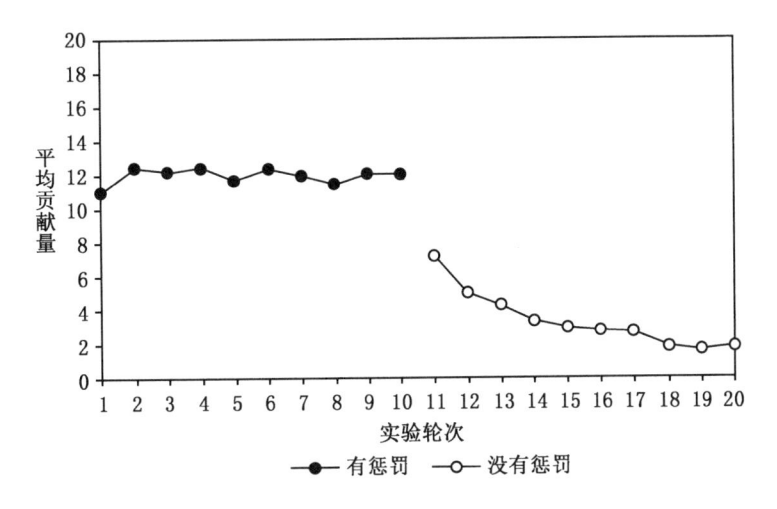

图 7.3　平均贡献量:引入惩罚前后对比

来源:费尔和格施特(2000)。

由此产生以下问题:

(1)为什么初始几轮平均贡献量较高?

(2)为什么随后会逐渐下降?

文献中对上述两个问题提出了以下两种可能的解释:

(1)解释 1:错误决策假说。实验参与者具有自利偏好,只是在前面几轮实验中缺乏经验,在实验初期会因为错误决策而选择了较高的贡献量,随着经验积累,逐渐发现自己的占优策略,平均贡献量越来越小。

(2)解释 2:互利合作假说。部分实验参与者是互利合作者,如果别人合作,自己也愿意合作选择高贡献量;如果别人不合作,自己也会降低贡献量。在实验初期预期其他成员会选择高贡献量的情况下愿意选择较高的贡献量;但实验过程中发现存在搭便车行为,所以也随之选择较低的贡献量,导致平均贡献量逐步下降。

7.3.2 惩罚机制与合作效率

费尔和格施特(2000)为了分析实验中所观察到的行为背后的原因,识别逐渐下降背后可能的原因,在原实验中引入惩罚环节,整个实验分为两个阶段:

第一阶段:与前面基准实验一样,4个人一组,每个实验参与者决定20单位禀赋投入到公共品或私人品,投资回报不变。

第二阶段:第一阶段决策结束后,每个人都可以看到本小组和其他小组成员的决策信息,但是仍然保持匿名(即不知道决策者的身份),然后每个参与者在这些信息基础上,可以做出惩罚决策。如果参与者1对参与者2的决策不满意,可以惩罚参与者T单位,但是自己的收益也要减少0.4T单位。实验结果(见图7.3中带黑色点的折线)显示,引入惩罚机制后,公共品的贡献量就稳定地在一个较高的水平,达到最优水平的60%。

根据解释1,引入惩罚环节后参与者的选择不会发生变化,因为自利参与者没有激励损失自己的收益去惩罚他人,这看上去"损人不利己"。但是,实验结果显示,在实验中确实有参与者在看到他人的贡献水平后,会对他人进行惩罚,而且贡献水平越低的参与者受到的惩罚力度越大(见图7.4)。

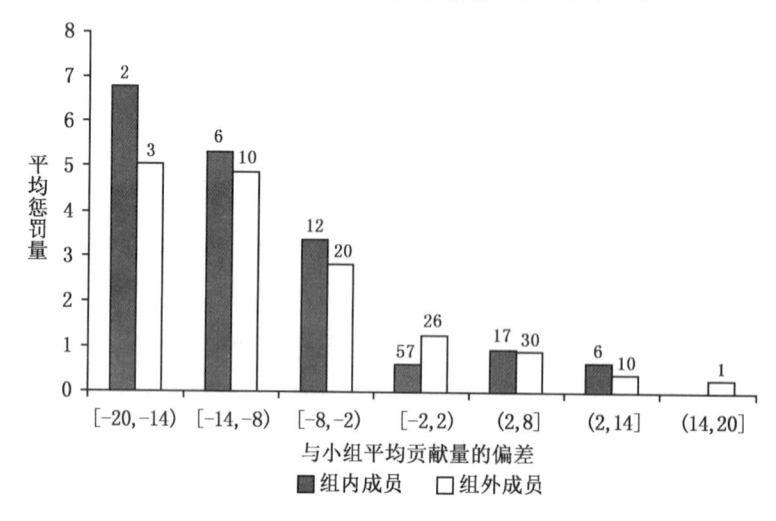

图7.4 公共品供给中的自愿惩罚行为

来源:费尔和格施特(2000)。

这一实验结果与互利合作假说相吻合。首先，在惩罚环节中，那些互利合作的参与者会对其他不合作的参与者进行惩罚；其次，面对这种惩罚的预期，在第一阶段贡献决策中，即使那些非互利合作者也会选择较高的贡献水平，以避免被惩罚。这说明，由于存在部分互利合作者，或存在一部分具有较强互利合作倾向的社会成员，只要有良好的制度保障，给与他们适当的信息和机会，就能够凝聚大多数社会成员投身于集体事业。

7.4 社会转型与助人为乐精神

助人为乐是中国传统美德，对身边需要帮助的人，我们给予力所能及的帮助，相互帮助能够有效提升每个人的福利。比如一个老人在马路边跌倒，自己起来有困难，此时路人能够及时将她扶起来，大家都会感受到正能量，我们记为 v，不过扶跌倒的老人也存在一定的成本 c。当老人跌倒时，可能有不少路人路过，谁把老人扶起来？有时，我们会看到没有路人来扶跌倒的老人，我们如何解释路人的行为？如何来避免这种现象的出现？怎样的安排有助于老人得到及时的帮助？

我们先通过两个路人之间的互动来开始这个问题的讨论，我们用图 7.5 中的支付矩阵来刻画两个路人之间的博弈，在该支付矩阵中，假设了路人之间无法分担成本，读者也可以构建一个可以分担成本的情形。

		路人 2	
		扶	不扶
路人 1	扶	$v-c, v-c$	$v-c, v$
	不扶	$v, v-c$	$0, 0$

图 7.5

7.4.1 供给成本

显然，当扶的成本过高 $c > v$ 时，不扶会成为路人的占优策略，所以，降低扶的成本是一个关键性的因素。通过健全法治避免助人行为受到讹诈的司法风险是一个很重要的制度基础。在缺乏证据的情况下，司法如何判决就变得非常重要。如果司法机构迫于当事人的压力,甚至运用有罪推理的原则要求扶老人的路人赔偿或部分赔偿,尽管就事件本身而言,可以得到"平稳"处理,但给社会传递的信号却非常糟糕,极大地提高了助人者的风险和预期成本,不利于助人风气的培育。当然,目前公共场所的视频监控、手机视频等技术手段也有助于降低助人行为被讹诈的风险,大大缓解了助人问题陷入囚徒困境。

7.4.2 身份认同

现在我们主要来讨论 $v>c$ 的情形,此时,图 7.5 中的博弈是一个典型的协调问题。如果 1 扶,那么 2 可以不扶;如果 1 不扶,那么 2 扶,所以博弈存在两个纯策略纳什均衡(扶,不扶)和(不扶,扶)。那么谁来扶呢?如何协调两人之间的行为?在一个熟人组成的社区中,试想该博弈中路人 1 是小区内公认的"雷锋",大家都知道"雷锋"在这种情形下肯定会去扶,而且路人 1 也知道别人认为他是"雷锋",预期他会去扶。给定这种身份认同下,该博弈的结果就会很确定:(路人 1 扶,路人 2 不扶)。因为,路人 2 预期路人 1 会扶,自己选择不扶;路人 1 预期到路人 2 预期自己会扶而不会去扶,所以自己最优的选择是"扶","雷锋"这一身份所对应的行为自我实现了。在社会互动中,身份往往对应着某特定行为模式,比如"雷锋"、"党员"等,身份认同则能够帮助人们协调预期,提高社会合作的效率。

7.4.3 人群规模与公共品供给效率

如果一个老人在马路边跌倒,周围都是互不相识的路人,此时缺乏有效的预期协调机制,很可能出现因为预期协调失败而没人扶老人。那么,看到老人的路人数量增加,老人是否更可能得到帮助?首先,从纯策略纳什均衡角度看,N 个路人就存在 N 个纯策略纳什均衡,每个纳什均衡中有一个参与者负责扶老人,其他参与者选择不扶。路人数量越多,那么协调问题越严重。

其次,当 N 个路人相互不熟悉,无法有效协调预期时,每个路人无法确定别人是否会扶,只能根据对人群基本特征来判断别人扶的可能性,然后决定自己是否扶。在实际生活中,这是一个不完全信息博弈,每个人都对扶老人有一个评价 v,知道自己的,但不知道别人的。每个人在决定是否扶时会根据一个临界值来确定是否扶,当自己对老人的关心程度超过临界值时会扶,而低于临界值时选择不扶。所以从这个意义上讲,每个人都有一定的概率扶或不扶。为简化分析,我们从完全信息下的混合策略模型来分析这种情形。

给定在混合策略纳什均衡中,参与者都以正概率选择扶或不扶,因为参与者都是有相同的偏好和策略集,所以在均衡中都以相同的概率选择扶或不扶。令均衡中参与者选择扶的概率为 p,所以,给定其他参与者的策略,其他 $n-1$ 人没有一个人扶的概率为 $(1-p)^{n-1}$,至少有一个人扶的概率为 $1-(1-p)^{n-1}$。所以,给定其他人扶的概率 p,参与者 i 选择不扶的期望支付为:

$$EU(不扶|p)=v*[1-(1-p)^{n-1}]+0*(1-p)^{n-1}$$

如果参与者选择扶,那么得到的期望支付为:

$$EU(扶|p)=v-c$$

在混合策略纳什均衡中,参与者以正的概率选择扶,以正的概率选择不扶,所以,根据混合策略纳什均衡的无差异性质给定他人的均衡策略,对参与者而言,扶与不扶的期望支付相同,即

$$v\times[1-(1-p)^{n-1}]=v-c$$

由此得到:
$$(1-p)^{n-1}=c/v \tag{7.1}$$

$$p=1-(c/v)^{1/(n-1)} \tag{7.2}$$

得到 $\frac{\partial p}{\partial n}<0$。所以,当路人人数增加时,每个参与者选择扶的概率会下降,人群规模越大,搭便车问题越严重。从社会责任角度讲,当只有自己一个人路过,那么扶的责任就由一个人来承担,此时出手扶的可能性最高;当人数增加时,社会责任就会由更多路人一起分担,每个人身上的社会责任被稀释,扶的可能性也会下降。

当人群规模扩大时,每个人扶的可能性下降,但是人群在增加,老人被扶起来的可能性会发生怎样的变化?我们记 n 个路人都没有扶老人的概率为 q,根据定义,我们有

$$q=(1-p)^n=(1-p)(1-p)^{n-1}=(1-p)\times c/v \tag{7.3}$$

所以,由 $\frac{\partial p}{\partial n}<0$,得到 $\frac{\partial q}{\partial n}>0$,即当人群规模扩大时,没人扶老人的概率会提高,公共品供给失败概率会上升。

7.4.4 熟人社会与陌生人社会

改革开放对中国社会结构产生了重大影响,其中一个重要变化就是我们生活的环境更为开放,流动性更强。我们从一个相对封闭的熟人社会转型到了一个开放的陌生人社会。这种社会转型对于诸如助人为乐等社会规范的维持会产生怎样的影响？根据我们对路人博弈的分析,可以梳理以下几种可能的影响：

(1)在熟人社会中人与人的社会距离更为接近,我们对熟人的关心程度要远高于对陌生人的关心。如果跌倒的老人是熟人,那么相应的 v 会更高,相反,当社会转型到陌生人社会时 v 下降,根据(7.2)式,每个路人扶的概率会下降,从(7.3)式则可以得到,当 v 下降,没人扶老人的可能性会上升。

(2)助人的成本在熟人社会中会更低。在熟人社会中,大家在一个共同的社会网络中,出于长期关系考虑,别人帮自己时,讹诈的可能性会比较低,一方面是出于信任,相信对方是诚实的,不会轻易怀疑对方是肇事者；另一方面,也是出于别人会怎么看,在一个熟人圈子中,别人未来会因为自己当前的讹诈而不相信自己,不与自己合作。所以,在熟人社会中扶的成本会更低,相应地扶的可能性会提高。

(3)从纯策略纳什均衡角度看,在熟人社会中更容易通过身份实现预期的协调,从而提高公共品供给的效率。反之,在陌生人社会中,彼此不知道对方的身份以及行为模式,预期协调会更为困难。从熟人社会转型到陌生人社会时,每个人对他人行为预期存在不确定性,各自以一定的概率选择扶与不扶,出现协调失败的可能性会比较高。

本章要点

• 公共品在消费时具有非竞争性和非排他性,在公共生活中具有非常重要的作用；

• 公共品供给中自利个体存在搭便车的倾向,导致公共品供给失败,形成囚徒困境；

- 在群体中引入对公共品强偏好者,扮演公共品供给领导者角色,可以帮助群体解决搭便车问题;
- 在适当的制度支撑下,利他、奉献或互利等社会性偏好能够帮助群体克服公共品供给中的搭便车问题;给予群体成员惩罚搭便车者的机会,只要惩罚成本不太高,这种惩罚的可能性会促使群体成员提供公共品。

案例思考

7.1 公寓电梯费用分摊

一幢老小区的居民楼就安装公寓电梯费用分摊产生了分歧。问题缘起于住在顶层(6楼)的李四和他的妻子(他们有两个月大的双胞胎)提议,或者说是乞求楼里的其他住户在他们的楼里安装一部电梯。李四想让所有的住户平摊成本。但独自一人住1楼的老王说,因为他不需要电梯所以他不会出一分钱;和丈夫张三以及两只猫一起住在2楼的张嫂声称,他们会出一份力,但他们永远不会乘坐电梯,她本人只有在搬运特别重的物品时才会用一下,所以他们只能出微小一部分。住在3楼的徐姐争论说……算了,徐姐说了什么并不重要。你可以想象这些争论会没完没了。那么,你如何将安装一部电梯的费用合理分摊到不同楼层的住户,以便成功安装电梯?

7.2 募捐博弈

3个居民生活在一个小镇里,每个人都可以选择捐钱来安一盏街灯。对每个居民来说,拥有街灯的支付都是3,没有街灯的支付都是0。镇长让每个人都捐献1或者0。如果至少有2个居民捐了钱,这盏街灯就会被安装起来如果只有1个居民或没人捐钱,那么这盏街灯就无法安装起来,在这种情况下捐钱的人也无法拿回他捐出去的钱。

(1)写出或画出每个居民的最优反应。
(2)请找出该博弈的纯策略纳什均衡。

7.3 灯塔问题

假设渔村中总共两个渔民,张三和李四,他们沿着海岸线捕鱼。如果沿着他们捕鱼的海岸线建设灯塔,他们会从中受益,每座灯塔建造成本是1000元,给定灯塔的数量Q,新增一座灯塔,李四的边际收益是$800-100\times Q$;张三的边际成本是$600-100\times Q$。

(1)最优的灯塔数量是多少?

(2)如果灯塔完全由个人独立建设,会有人去建灯塔吗?是否可以达到最优的数量?

(3)如果张三和李四商量着一起建灯塔,你认为合理的成本分担方案是什么?在实际谈判中有哪些因素会导致两人谈判出现困难?

(4)如果李四的边际收益是$1200-100\times Q$,问题(2)中的答案会有怎样的变化?

第 8 章

代理问题与激励

8.1 代理问题:从小岗村大包干改革谈起

> **包干保证书**
>
> "我们分田到户,每户户主签字盖章,如以后能干,保证完成每户全年上缴和公粮,不再向国家伸手要钱要粮。如不成,我们干部坐牢杀头也甘心,社员也保证把我们的小孩养活到18岁。"

这是安徽凤阳县小岗村在1978年11月24日18户村民签定的保证书。小岗村包干到户协议开启了中国农村家庭联产承包责任制改革,同时也拉开了中国改革开放的大幕[1]。1978年小岗村"吃粮靠返销、用钱靠救济、生产靠贷款",全村处于贫困线下。包干到户后,1979年秋收后盘点,小岗村粮食总产量由1978年的1.75万公斤增加到6.62万公斤,人均口粮由93公斤增至350公斤,人均收入由22元增至350元[2]。大包干协议一下子解决了小岗村的温饱问题,

---

[1] 1980年1月24日,时任中共安徽省委第一书记万里到小岗村,看到"大包干"带来的巨大变化,给予肯定与支持。1980年5月31日邓小平在一次重要谈话中公开肯定了小岗村"大包干"的做法。此后大包干到户在凤阳乃至全省普及开来。至1984年,大包干新体制正式定名为"家庭联产承包责任制",在全国普及推行。

[2] 斯维:"小岗村记",《人民日报(海外版)》,2017年7月8日。

"当年(村民)贴着身家性命干的事,变成中国改革的一声惊雷,成为中国改革的标志①。"

为什么大包干改革前小岗村会出现"守着良田要饭吃"的现象?大包干改变了什么?在上世纪 80 年代,大量国有企业出现经营困难,过去四十多年中,国有企业历经承包制、股份制、"抓大放小"等一系列改革,力图解决国有企业经营难题。不管是农村改革还是国有企业改革,其核心问题都是如何解决农户或国企管理者(工人)的生产经营积极性问题。

如何调动积极性是日常管理中的一个普遍问题。比如:

• 某一保险公司接受某工厂的火灾保险后,将会担心工厂主在购买保险后会不会把易燃物随意乱放。

• 企业聘用销售人员推销产品。企业管理者无法观察到销售员努力与否,他担心销售人员在产品销售过程中并不努力。

• 学校聘请老师担任某课程的教学,学校管理者担心老师是否认真上课。

• 家长希望孩子努力学习,考上理想的高中或大学,但对大多数家庭而言,这个过程中总是不那么让他们放心,家长担心孩子不努力。

• 上级政府委任一名干部担任某个城市的市长,会经常安排一些学习与巡查监督,担心我们的干部忘记初心使命,担心干部不能坚守廉洁自律。

我们用"委托—代理关系"来刻画上述问题中双方的关系,比如,企业委托销售员推销产品,企业是委托人,销售员是代理人;学校委托老师授课,学校是委托人,老师是代理人。在双方合作关系中,代理人的行为会影响委托人的福利,但是委托人无法完全控制(观察或证实)代理人的行为,导致委托人的利益没有得到保障,甚至可能受到代理人行为的侵害,由此导致代理问题,在经济学文献中也被称为道德风险问题。代理问题的存在导致双方合作效率损失,甚至导致委托人不愿意将任务委托给代理人,使得合作关系无法形成。许多家长都为孩子上学接送问题所困扰,尤其在幼儿园与小学阶段,但是,家长又不放心把孩子交给市场上不熟悉的人接送。在我们生活中,有许多由于类似"不放心"而放弃外部委托,牺牲分工合作带来的效率。

通过上述例子,我们可以看到产生代理问题的主要原因是:

---

① 2016 年 4 月 25 日,习近平总书记在安徽小岗村的讲话。

(1)代理人与委托人目标存在差异,代理人不一定按委托人利益最大化行动,此时就产生如何让代理人按委托人利益行动的问题;

(2)代理人行为不可证实或不可观察,无法通过合同的方式来要求代理人按委托人利益行动。

所以,解决代理问题也就从这两个原因着手,只要解决其中一点,代理问题也就不复存在,为此,常见的解决方式主要是监督和激励两种方式。

> **第四类合作失败:代理问题**
> 在委托代理合作关系中,由于代理人目标不同于委托人,在委托人无法有效观察代理人行为的情况下,代理人的理性选择损害委托人利益,导致双方合作效率降低。

8.2 监督:大棒加胡萝卜

意识到员工可能偷懒,官员存在公款吃喝甚至渎职腐败的行为,委托人自然想到的一个解决办法就是监督。比如对员工工作的抽检,纪委对官员的巡察监督。自十八大以来的党中央出台的八项规定以及反腐行动极大地遏制了公款吃喝以及官员的腐败行为。监督可以一定程度上缓解代理问题,但是本身有一些局限性。

8.2.1 监督成本与监督效率

监督需要聘用监督人员,需要收集必要的信息,所以,有效监督总是需要一定的成本。而且,在监督过程中甚至需要被监督者(代理人)配合,影响代理人的工作绩效。比如:上市公司为了对管理层实施有效的监督,设置了董事会、监事会,一般需要付给董事会、监事会成员很高的工资。同样,各级政府机关与事业单位为了强化内控,预防腐败,都设立了各级纪委、巡查组织,这些都需要有一定的成本。

我们通过下面的监督博弈来具体刻画监督成本对监督效率的影响,并讨论工资与监督相互之间的协同机制。这是企业管理者与员工之间的一个博弈,员

工的工资为 w，他可以选择努力或偷懒，努力的成本为 $c(w>c)$；努力可以给企业带来的收益为 R，如果员工偷懒，企业的收益为 0。管理者可以选择监督或不监督，选择监督要耗费监督成本为 m，如果员工被发现偷懒会被解雇，得到 0。如果管理者不监督，那么不管员工是否偷懒，他都可以得到工资 w。支付矩阵见图 8.1。

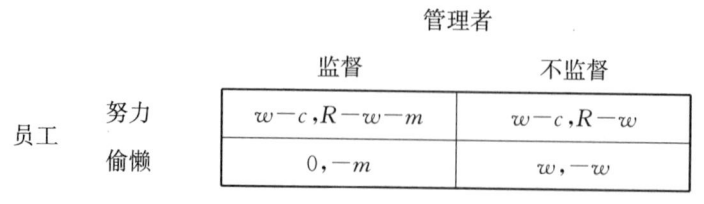

		管理者	
		监督	不监督
员工	努力	$w-c, R-w-m$	$w-c, R-w$
	偷懒	$0, -m$	$w, -w$

图 8.1 监督博弈

从集体效率的角度来讲，工人努力工作，管理者不监督，这是社会总收益最高的一种策略组合。但是从个体理性的角度来看，该策略组合不是纳什均衡，而且该博弈不存在纯策略纳什均衡，任意一个纯策略组合都有参与者选择偏离。所以该博弈唯一的纳什均衡是一个混合策略纳什均衡。管理者以一定的概率 $q \in (0,1)$ 监督员工，$1-q$ 的概率不监督；而员工以概率 $p \in (0,1)$ 选择努力，$1-p$ 的概率选择偷懒。

管理者的监督概率可以理解为面对一批员工，以 q 的比例进行抽检，会监督谁则是随机的；关于员工努力概率 p 一种更为直观的解释是：一批员工中有 p 比例的员工努力工作，另外有 $1-p$ 的员工偷懒。

根据混合策略纳什均衡无差异性质，如果混合策略组合 $((p,1-p),(q,1-q))$ 是纳什均衡，那么就有：

(1) 给定管理者均衡中的监督概率 q^*，员工努力与偷懒无差异，努力的期望收益与偷懒的期望收益相同，即

$$EU(努力|q^*) = EU(偷懒|q^*)$$

由此得到：$w-c = (1-q^*)w$，所以有

$$q^* = \frac{c}{w} \tag{8.1}$$

(2) 给定员工的均衡中的努力概率 p^* 监督策略，管理者监督与不监督无差异，监督的期望收益与不监督的期望收益相同，即

$$EU(监督|p^*) = EU(不监督|p^*)$$

由此得到：

$$p^*(R-w-m)+(1-p^*)(-m)=p^*(R-w)+(1-p^*)(-w)$$

所以有

$$p^* = 1 - \frac{m}{w} \tag{8.2}$$

从(8.2)式，我们可以看到，监督成本 m 越高，均衡中员工努力的概率越低，监督的效率越低。同时，薪酬越高，失去岗位的机会成本越高，监督的效率也就越高。为了实现一定的监督目的，要将员工努力的比例达到 p_0，监督成本 m 越高，企业就要支付更高的薪酬 w。

同时，从监督策略来看，(8.1)式说明，管理者对员工需要进行差异化监督，对不同类型的员工实行不同力度的监督。员工努力成本越高，那么监督力度要更大。就纪委的监督策略而言，不同部门、不同地区官员腐败得到的收益（保持清廉的机会成本）存在很大差异，所以相应的监督力度应该有所差别。而且监督力度与薪酬水平负相关，给定薪酬高，监督力度可以适当降低。

8.2.2 监督激励

聘用监督人员实际上又引入了一层代理关系。在企业中，董事会成员的监督大大缓和了股东和高管之间的代理冲突，但同时也增加了股东和董事会成员之间的代理关系，监督者是否尽责监督本身很难观察，由此导致监督的代理问题。在历史上，为了维护皇权，皇帝设立锦衣卫监督百官；但对锦衣卫依然不放心，又设立东西厂监督锦衣卫，由此引发严重弊端。这里的激励问题可以概括为以下两类。

首先，监督者是否认真监督。委托人很难判断监督者是否认真进行了监督，没查到腐败官员、没抓到偷懒的员工，可能是腐败官员或者偷懒的员工很少，也可能是监督者没认真监督。所以，在没有适当监督激励的情况下，很容易出现监督的形式主义。如果简单以查到的案件数来考核监督者，又会导致激励的扭曲，引发第二个问题。

第二，监督权的滥用问题。历史证明，如果监督者的权力没有约束，同时又赋予其很大权力，那么很可能出现监督权的滥用，导致冤假错案，以及对被监督者的敲竹杠行为。

> **【经验证据】募捐电话中心的实验研究**
>
> 丹尼尔·尼根(Nagin)等(2003)经济学家对一个电话中心员工的监督进行实验研究。电话中心的员工给潜在的捐赠人打电话,劝说他们捐助一家非营利机构。每一次电话通完之后,员工记下捐赠人是否同意捐赠,员工记下的成功次数决定了他们的工资。这里就存在隐藏行为的问题:即使失败了,员工可能也记下成功获得捐赠。由于公司很难判断捐赠是哪一位员工的成果,也就很难真正地实现员工工资与其争取的捐赠相挂钩。"审查"电话中心的管理人员给捐赠人打电话,确认是否真的发生了捐赠行为,检查发现,一些员工的确做了假。尼根的团队抽查了员工的记录,但是并不告知在什么时候抽查他们,但会告知他们的记录是否出现了问题。研究人员还发现,这样的监督增加了员工记录的真实性。

8.3 绩效薪酬

前面我们曾指出造成代理问题的两种原因,监督是从造成代理问题的第(2)种原因着手,力图证实代理人的实际行为,然后根据所证实的行为给予相应的惩罚或奖励。激励则从第(1)种原因着手,将代理的目标与委托人目标协调一致,从而充分调动代理人按委托人目标努力的积极性。就代理人角度而言,他努力的激励来源可能源于多种途径:

- 出于内在的努力激励,如出色完成工作后的自豪感;
- 对合理行为规范(如遵守诺言)的认同;
- 期望建立起积极的长期关系,避免未来受到惩罚或出现恶意行为;
- 期望获得并保持在公众中的良好声誉,并从良好声誉中获得相应的收益;
- 职业的安全感;
- 期望获得晋升,获得合意的任务或良好发展前景的机会;
- 期望依据工作成绩获得薪酬奖励。

其中,绩效薪酬是最为常见的一种激励机制。绩效薪酬是将反映委托人利益的绩效指标与代理人薪酬挂钩,绩效越高,代理人可以得到奖励,薪酬就越高;如果绩效很差,那么代理人要为此承担责任,薪酬会很低。该绩效指标同时也与代理人行为相关,由此让代理人为自己的行为承担责任。绩效薪酬的运用随处可见,比如:承包制、销售收入提成以及公司股权激励等。下面我们通过一个项目管理者的绩效薪酬问题来讨论绩效薪酬的基本原理,并讨论这种激励方式潜在的成本。

8.3.1 参与约束条件

下面考虑一个项目管理者的激励问题。投资人需要聘请一个经理来管理一个项目,该项目成功时价值为 60 万失败时价值为 0。成功的概率取决于管理者的努力程度 e:

- 如果管理者不努力 $e=e_L$,成功概率为 0.6;
- 如果管理者努力 $e=e_H$,那么成功概率为 0.8。

管理者努力会产生额外的成本,我们设不同努力水平下他的工作成本:

- 不努力的工作成本为 10 万;
- 努力的工作成本为 15 万。

管理者的努力能够给项目带来额外的期望价值为 12 万(0.2 * 60 万＝12 万),但会产生额外 5 万工作成本,所以,管理者努力可以提高项目净价值 7 万。从项目净价值最大化角度,管理者努力是最优选择,也就是说让管理者努力工作是有价值的。同时,我们假设管理者在外部市场的净工资(w_0)为 9 万(扣除工作成本的净收入)。

我们先考虑理想状态下努力水平可观察、可证实时的激励合同,作为后续分析的参照系。此时,投资人可以根据管理者的努力水平来确定工资水平,即 $w(e)$。为了让管理者接受这一岗位,投资人给管理者的净工资不能低于外部市场工资水平,即

$$w(e)-c(e) \geqslant w_0 = 9 \text{ 万} \tag{8.3}$$

我们称这一条件为**参与约束条件**。所以,要吸引管理者并让他努力工作,需要支付的工资应该满足:$w(e_H) \geqslant w_0 + c(e_H) = 9+15 = 24$ 万。

8.3.2 激励相容条件

投资人给出的合同,不仅要确保管理者愿意接受聘用合同,同时又要让管理者愿意努力工作,即,在该合同下管理者的最优选择是努力,努力得到的净收入比不努力高。我们称该条件为**激励相容条件**:

$$w(e_H)-c(e_H)\geqslant w(e_L)-c(e_L) \tag{8.4}$$

(8.3)和(8.4)是一个有效激励机制的基本要求。具体来讲,在努力可观察的情况下,投资人可以考虑如下薪酬合同:

$$w(e)=\begin{cases} 24\ \text{万} & \text{如果}\ e=e_H \\ 0 & \text{如果}\ e=e_L \end{cases}$$

在该薪酬合同下,管理者最优选择是努力,投资人最终支付 24 万工资,期望利润为 24 万,这是投资人最为理想的结果。

但是,现实中管理者努力水平往往是无法被观察的,所以,投资人无法根据管理者的努力水平来确定薪酬水平。此时,绩效薪酬意味着要找一个可证实的绩效指标作为管理者薪酬的依据。理想的绩效指标能够体现投资人的利益,同时与管理者的努力紧密相关,这里唯一可用的绩效指标是项目实现的价值 $V \in \{0,60\}$ 或项目是否成功。当我们用这个指标去考核管理者时,管理者最终的薪酬不再完全由他自己的努力选择来决定,管理者选择努力只能提高项目成功概率,并不能确保项目成功。管理者努力了,但是运气不好项目失败而得到一个较低的薪酬;也可能在没有努力的情况下,因为运气好而得到一个高薪酬。所以,如果我们根据项目成功与否来决定奖励还是惩罚管理者,管理者即使选择了努力,他也面临被惩罚的风险,而选择不努力也可能存在因为运气得到奖励的可能性。因此,当我们选择该绩效指标来考核管理者,以此决定他的薪酬,管理者就面临着一定的风险。此时,管理者的风险偏好就变得非常关键了,如果是一个风险中性者,那么这种风险的大小不会影响他的选择;如果是一个风险厌恶者,那么薪酬风险的增加会降低他的福利,企业要吸引他承担这种风险就要额外付出代价才能保证合同满足参与约束条件。

我们先讨论管理者是**风险中性**的情形。此时,管理者面对不确定的薪酬,追求期望收益最大化。投资人可以选择承包制、分成制,也可以是奖金制薪酬

合同。我们考虑奖金制绩效薪酬合同,管理者底薪为 f,如果项目成功可以得到奖金 b 即:

$$w(R) = \begin{cases} f+b & \text{如果} R=60 \\ f & \text{如果} R=0 \end{cases}$$

管理者努力工作的期望支付为:

$$Eu(e_H) = Ew(e_H) - c(e_H) = f + 0.8b - 15$$

管理者不努力工作的期望支付为:

$$Eu(e_L) = Ew(e_L) - c(e_L) = f + 0.6b - 10$$

如果投资人选择激励管理者努力工作,那么绩效薪酬要满足激励相容条件和参与约束条件,即

$$Ew(e_H) - c(e_H) \geqslant Ew(e_L) - c(e_L) \tag{8.5}$$

$$Ew(e_H) - c(e_H) \geqslant 9 \tag{8.6}$$

由激励相容条件(8.5)得到:$0.2b \geqslant 5$,即 $b \geqslant 25$。为了激励管理者努力工作,投资人需要给出足够高的奖金才能补偿管理者的额外努力成本。从投资人利润最大化角度,奖金越低越好,由此得到 $b=25$。

由参与约束条件(8.6)得到:$f + 0.8b \geqslant 24$,投资人利润最大化的底薪 $f=4$。

所以,对于风险中性的管理者而言,底薪 4 万,奖金 25 万的绩效薪酬合同,给他带来的期望工资为 24 万,期望净收入为 9 万,与外部市场净收入相同。投资人的期望利润:$0.8 \times (60-25) - 4 = 24$ 万。与努力可观察的理性情形的期望利润相同。

所以,在绩效薪酬合同下,管理者承担了一定的风险,但对风险中性的管理者并没有带来额外成本,所以投资人可以在有效激励管理者的同时没有产生额外的成本损失。代理问题可以通过让代理人为绩效负责的方式得到解决。

激励原理:让行为不可观察一方为其行为后果负责。

8.3.3 激励成本:风险补偿金

前面的讨论中,我们假设代理人是风险中性者,实际生活中,大多数人都是风险厌恶者。根据我们第二章的讨论,面对一项期望收益为 $EV(w)$,方差 $Var(w)$ 的不确定收入,如果管理者的风险厌恶系数为 γ,那么,有风险的绩效薪酬

合同 $w(R)$ 的确定性等价为：

$$CE(w) = EV(w) - \frac{1}{2}\gamma Var(w)$$

其中 $\frac{1}{2}\gamma Var(w)$ 为风险补偿金，即风险给风险厌恶型管理者带来的成本，风险越高或风险厌恶程度越强，需要的风险补偿金也会越高。

所以，对于风险厌恶的管理者，绩效薪酬合同 $(f=4, b=25)$ 的确定性等价为：

$$CE(w) = 9 - \frac{1}{2}\gamma Var(w) < w_0 = 9$$

绩效薪酬合同 $(f=4, b=25)$ 不再满足参与约束条件，即风险厌恶的管理者会拒绝该绩效合同。所以，投资人要吸引风险厌恶的管理者接受绩效合同，必须提高薪酬以补偿管理者在绩效合同下所承担的风险。该绩效合同下管理者收入的不确定性来源于奖金，给定成功的概率分布，奖金额越大风险越高，要求的风险补偿金也越大。为此，投资人最优的选择是调整底薪来补偿 25 万奖金下的风险。根据参与约束条件，得到

$$f' = 4 + \frac{1}{2}\gamma Var(w)$$

在新的薪酬合同 (f', b) 下，管理者愿意接受合同并努力工作，但是投资人的期望利润则减少了 $\frac{1}{2}\gamma Var(w)$，其期望利润调整为：

$$E\pi(w) = 24 - \frac{1}{2}\gamma Var(w) \tag{8.7}$$

在努力不可观察，而绩效指标又存在噪音，无法准确度量管理者努力的情况下，要激励管理者，就要求管理者承担一定的风险，但是管理者厌恶风险，投资人为了激励管理者不得不额外支付一笔风险补偿金，这构成激励的成本。

从 (8.7) 式可以看到，绩效指标的噪音越大（方差越大），即代理人的行为（努力）越难以度量，那么激励成本会越高。如果风险补偿金超过努力工作所带来的项目增值 7 万，那么投资人会发现不激励比激励获得更高的利润[①]。

---

① 因为在这例子中，管理者的努力不是一个连续变量，而是努力与不努力两种选择，而在代理人努力水平式是连续变个量的一般情形下，我们可以讨论激励与分享分摊权衡下的最优激励程度问题。

8.3.4　相对绩效考核

(1)绩效指标设计:有效信息原则

绩效薪酬的有效性很大程度上取决于绩效指标的合理性。一个理想的绩效指标,一方面能够反映委托人的目标,另一方面能够准确度量代理人的行为(努力水平)。比如一个火力发电厂的经理,我们可以考虑在绩效指标中有以下几个指标:

指标 A:火电厂的利润;

指标 B:火电厂的发电量;

指标 C:火电厂发电的单位成本。

这三个指标与火电厂股东利益都相关,当然指标 A 的相关度最高,那么,哪个指标更适合作为经理的绩效指标呢? 这三个指标本身都是很容易得到,我们选择绩效指标的标准就是:采用哪个指标,支付给经理的风险补偿金最小或激励成本最低,也就是在哪个指标下经理承担的风险最低? 风险低意味着这个指标对于经理来讲更加可控,与他个人的选择更加紧密相关。

我们首先来看利润指标,该指标取决于发电量、电价和发电成本。这三个指标中电价一般由电网定价决定或者由政府管制价格决定不是发电厂经理可以控制的。如果按利润指标来考核经理,那么经理就要承担由于电网定价或政府政策原因带来的价格变化风险。

发电量指标尽管跟经理工作相关,但是更大程度上是取决于电网的需求端,市场需求旺盛,发电量就会提高,反之就会下降。同样,用这个指标来考核经理也会让发电厂经理承担因为市场需求波动带来的风险。

相对而言,发电成本更大程度上反映经理的管理水平,同时也直接跟发电厂的绩效紧密相关。

激励原理:激励不应该建立在与代理人行为没有相关性的噪音基础上。

在实际中,很多时候缺乏一个能够如实反映代理人行为的完美指标,总是存在一定的噪音,此时我们会考虑综合指标,借助其他指标的信息来优化代理人的绩效指标。相对绩效指标则是一种常见的综合指标,比如:常见的锦标赛制度,不管是各类跑步比赛,还是销售员之间的业绩比较,我们通过对比两个代理人的业绩来确定谁赢得奖金。那么,这种相对绩效指标的合理性在哪里?什么条件下采用相对绩效指标是合理的?使用相对绩效指标考核代理人又存在哪些弊端?

我们记销售员 A 和销售员 B 的个人业绩分别为 z_A 和 z_B,个人业绩受个人努力 e_i、市场随机因素 x_C 和个体随机因素 x_i 的影响,$i \in \{A, B\}$。个体随机因素是指只影响某个人业绩指标的随机因素,比如个人的健康等;而市场共同因素则是同时影响 A 和 B 业绩的因素,比如市场总体的需求、行业走势以及宏观经济走势。为简化起见,我们设业绩函数为:

$$z_A = e_A + x_C + x_A$$
$$z_B = e_B + x_C + x_B$$

记 x_C、x_A、x_B 的方差分别为 Var_C、Var_A、Var_B,假设三个变量的均值为 0,且独立分布。如果以 A 和 B 的个人业绩 z_A 和 z_B 来分别考核他们,那么他们的绩效指标的方差分别为:

$$Var(z_A) = Var_C + Var_A$$
$$Var(z_B) = Var_C + Var_B$$

如果设计一个相对绩效指标:$z_A - z_B = e_A - e_B + x_A - x_B$。在该指标中共同的市场因素没了,但引入了销售员 B 的努力以及 B 的个体随机因素。如果用该指标来考核销售员 A,那么,此时他承担的风险为:

$$Var(z_A) = Var_B + Var_A$$

如果 $Var_C > Var_B$,那么相对绩效指标下销售员 A 承担的风险变小,相对绩效指标对他的努力的度量更为准确,所需要的风险补偿金也相应地降低。最极端的一种情形,如果 $Var_B = 0$。此时 B 的业绩充分反映了 B 的努力和市场共同因素的作用,B 业绩的高低能够反映市场因素的方向和大小。所以,通过引入相对绩效指标能够改进对销售员的考核。

在运用相对绩效指标时,被考核对象往往会强调个人业绩不可比,用上述例子的语言来讲,就是在决定个人业绩波动时哪种因素占主导,如果共同的市场因素占主导($Var_C > Var_B$),那么可比性比较强,反之($Var_C < Var_B$),可比性不大,引入相对绩效反而降低了指标的准确性。

(2)相对绩效的局限性

尽管在一定条件下相对绩效指标可以提高绩效度量的准确性,但是,在使用相对绩效指标时也要谨慎,引入相对绩效指标也可能产生其他负面的影响。比如:

①可能降低团队合作。在团队生产中,每个人的业绩不仅与自己的行为相关,而且依赖于成员之间的配合或支持。但在相对绩效考核下,每个人希望自己的业绩高一点,别人的绩效低一点。所以,对有助于提高其他成员业绩的投入会减少,甚至出现有意降低他人业绩的行为。这种行为倾向不利于提高总体业绩。

②代理人之间的合谋。相对绩效考核实际上在代理人之间构建了一个囚徒困境,试图让代理人相互卷起来。但是,如果代理人之间存在长期关系,意识到相互竞争的结果是每个成员都很辛苦,情况比竞争前都变差了,唯一变好的就是委托人。所以,在长期关系下代理人之间存在很强的相互合作激励,最为简单的合作方式是每个人都不积极竞争,轮流拿第一。

8.4 多任务委托与国有企业改革

8.4.1 多任务委托中的挤出效应

上世纪八十年代,中国农村开始了家庭联产承包责任制,集体土地长期承包给农户,交够国家公粮,剩下都归农户所有。这意味着,农户要为自己的选择负全部责任,同时也可以收获自己努力的全部成果,生产积极性被充分调动,粮食产量大幅度上升,农户收入也不断增长。与此同时也产生了一些负面影响,比如农户对所承包土地的过度开发,导致水土流失,化肥与农药的大量使用导致土壤和水质受到污染。

农村家庭联产承包责任制只就农业产出或粮食产量作为绩效考核指标,该指标中并不包含生态环境的保护指标。在这种制度下,按绩效支付工资(获得收入)的激励方法会导致代理人只重视评估标准反映的绩效任务,而忽略了那些没有在绩效标准中出现的任务。

对小学教师的激励中有着类似的问题。教师在学生培养中承担着多种任务,我们把老师的各种教学任务分为两类:(1)任务一:培养学生应试技能;(2)任务二:提高学生创造性思维逻辑活动①。像乘法、阅读理解和拼写能力可以很容易以标准考试的方式来对学生进展进行评估。但是很难评估学生是否能够进行进行创造性思考。

假设在最初的制度下,教师的工资是固定的,与学生的考试成绩没有关系。这种方法的缺点就是教师努力的边际回报为 0,教师没有付出额外努力的动力,教师出于职业认同在学生考试技能与创造性思维逻辑方面都会有一定的投入,当然投入程度可能要取决于个人的职业素养。

现在,假定学校为了提高本校学生在区里的考试成绩排名,激励老师努力提高学生的考试成绩,将教师的报酬与学生在标准化考试中成绩挂钩。比如:班上每出现一个有显著进步的学生,教师就可以得到一笔奖励 1000 元,甚至将学生在区里的排名作为考核教师的依据,排名越高奖金越高。这一激励计划将提高教师在学生考试技能方面投入的边际回报,提高教师在这方面的投入,学生的学习状况会有极大改善。

此时,教师投入到第(2)种任务的机会成本提高,尤其是教师精力有限,在新的激励机制下教师提高学生应试技能的积极性提高了,但是培养学生创造性思维等与考试无关的投入积极性会出现下降。我们称这种间接的影响为多任务委托中的挤出效应,这构成了实施绩效薪酬制度的一种重要隐藏成本②。这反映了指挥棒(考核指标)的作用,但同时也揭示了指挥棒潜在的负面影响。在一个组织中,通常我们看到考核什么,员工就做什么,甚至会出现伪造绩效指标。而那些没进入考核指标的任务,可能就被忽视,但这些任务没进入指标并不是不重要,而是因为不好度量,不好考核。比如教师对学生品德与创造性思维的培养就是很难度量,而农户对生态环境的保护,尽管我们可以度量一个区域的生态环境,但是很难将这个指标分解到具体某个农户身上,一个区域的生态环境确实与农户行为有关,但又不是由某个农户行为决定的。而是总体农户

---

① 当然教师还有培养学生品德、增强体质等方面的任务,为简化分析我们的讨论中暂不涉及这些。

② Holmstrom, B. and P. Milgrom, 1991, "Multitask Principal Agent Analysis: Incentive Contract, Asset Ownership and Job Design", Journal of Law, Economics and Organization, Vol. 7, PP24—52.

行为综合造成的。

8.4.2 等量激励原则与岗位设计

要解决这个问题,第一种方法,就是在激励设计时坚持等量激励原则,如果第二个任务不容易激励,那么对第一个任务也不进行激励,或者说采取同样力度的激励,从而避免代理人投入的扭曲。

第二种方法,通过岗位任务设计来实现。多任务委托原理一个很重要的启示就是:如果员工同时承担一项容易激励的任务和一项不容易激励的任务,会导致总体激励困难。那么一个自然的想法是将员工要完成的任务进行分类,把那些容易激励的任务委托给其中一类员工,实施强激励;而把其他不容易激励的任务委托给另一部分员工,实施弱激励,从而避免混合代理出现的投入挤出问题。

例如,假设任务 A 和 C 易于进行评估,而 B 和 D 难以评估。如果将任务 A 和 B 指派给一个员工,而将 C 和 D 分配给另外一个员工,那么企业就面临先前提到的多任务委托问题。反之,如果企业将任务 A 和 C 分配给一个员工,并对两个任务都给于等量强激励;而将 B 和 D 指派到另一个员工,对两个任务都不施加激励。这样就可以避免多任务委托所带来的挤出效应。

8.4.3 国有企业改革历程

中国国有企业治理则是另一个典型的多任务委托问题。国有企业在改革开放之初存在企业缺乏活力、亏损严重的问题,到 1998 年国有企业亏损面达到 48%[1]。对于国有企业经营困难的原因的认识经历了一个不断深化的过程,整个国有企业改革可以分为三个阶段。

第一阶段:放权让利改革

面对国有企业经营困境,一开始主要认为国有企业管理上存在"责－权－利"不匹配的问题,国有企业管理者承担了相应的经营责任,但是缺乏相应的经营决策权,也没有相应的利益分享机制。所以,在上世纪 80 年代初第一阶段改革中主要以"放权让利"为指导思想推进国有企业改革,其中"承包制"最为典

---

[1] 数据引自吴敬琏《当代中国经济改革教程》,上海远东出版社,2010 年版,第 133 页。

型,企业交够国家利润和税收,剩下的归企业自主分配。承包制改革确实起到了调动企业管理人员积极性作用,但是也产生诸如"内部人控制"等诸多负面影响。在改革探索中,大家普遍意识到国有企业的产权关系不清晰,存在所有者缺位、预算约束、委托代理链过长等问题。

第二阶段:公司化改革

针对这些问题,在上世纪 90 年代开始公司化改革,通过股份制改革理顺国有企业产权关系,并设立国资委承担国有产权所有者职能,并借鉴现代公司治理经验,在国有企业中引入市场化激励安排。但是,在国有企业模拟市场化治理的改革中又出现了一个新问题:如果国有企业完全按市场化进行运作,以利润创造为核心目标,那么,政府拥有国有企业的目的是什么？国有企业的存在意义就是追求利润最大化吗？事实上,当国有企业引入类似股权激励等强有力的激励机制后,管理层创造企业利润的积极性大幅度提高,甚至利用国有企业特有优势创造利润,一方面出现与"民"争利现象,另一方面,对于政府希望国有企业承担的社会责任,对国家政策的执行方面出现打折扣、阳奉阴违现象。

第三阶段:分类改革

导致上述问题的本质原因在于国有企业承担的任务不仅仅是企业利润创造,同时还要承担执行国家战略、落实政府政策的任务。不管是维护国家经济安全、金融稳定、区域经济平衡发展,还是面临疫情的抗疫任务,都要求国有企业是排头兵。显然,利润指标很容易度量,而政策执行任务相对而言不容易度量。如果对前者给与很强的激励,那么国有企业在政策执行方面的积极性就会下降。

为了有效解决国有企业"盈利性任务"与"公共政策任务"之间的冲突,十八大以来开始推进国有企业分类改革,针对国有企业承担的政策任务属性将国有企业分为三类:

第一类是公共政策性企业。主要是指处于自然垄断、提供重要公共产品和服务的企业,具体行业包括教育、医疗卫生、公共设施服务业、社会福利保障业、基础技术服务业等。这类国有企业不以盈利为目的,主要承担公益目标。

第二类是特定功能性企业。主要是指涉及国家安全的行业、支柱产业和新技术产业的企业。这类企业既需要充当国家政策手段,又需要追求盈利,以促进自身的发展壮大,从而发挥对国家经济安全和经济发展的支撑作用。

第三类是一般商业性企业。这类企业是除了上述两类企业以外所有的国有企业,处于竞争性行业,与一般商业企业一样其生存和发展完全取决于市场竞争,可以采取以盈利目标为导向的激励制度。

分类改革为深化国有企业改革提供了一个清晰的方向,但具体如何优化不同类型的国有企业治理结构仍然需要做很多探索。

8.5 中国式分权与地区竞争

8.5.1 中国式分权

如何理顺中央与地方之间的关系一直是国家治理中的一个重要问题,一方面要确保全国一盘棋,确保中央对地方的统筹协调能力,另一方面又要保持地方的活力,发挥地方政府的积极性。在改革开放前,央地关系一直有"一收就死、一放就乱"的问题。1980年代通过放权让利、财政包干改革等政策向地方放权,1994年的分税制改革重新调整了中央和地方政府间的收入关系,地方财政支出占总财政支出的比重逐步上升,2022年,中央和地方财政支出占GDP比重分别为2.9%和18.6%,逐渐形成中国式财政分权模式。

不同于欧美联邦制下的财政分权,中国采用M型组织模式,地方政府复制中央政府的组织架构,中央与地方形成条块结构,同时,中国的上级政府对下级政府有较强的控制力,经济分权与政治垂直管理相结合。在传统政治垂直管理模式下,中央与地方之间构成层层代理关系,如何激励地方政府发展经济与解决民生问题是其中一个核心问题。中国自古以来有"天高皇帝远"的问题,在冗长的代理链末端,中央政府的控制力减弱,无法确保基层政府按中央的目标行动。

8.5.2 地区竞争与经济绩效

但是中国式财政分权框架构建了与政治垂直管理相容的地方政府激励机制。其核心是基于政绩考核的地方政府之间的锦标赛竞争。在上下级政府之间,上级政府处于信息弱势,不太了解地方的项目成本、当地居民的偏好等,但以其他具有可比性的地方政府行为作为上级政府评价地方政府的重要参考,在地方政府之间就可能形成标尺竞争,地方政府之间的相对政绩被认为是影响官员升迁的重要因素,地方政府官员有非常强的动力促进地方经济快速发展(周黎安,2004等)。在这种机制下,地方政府之间存在以考核目标为导向的竞争,从招商引资到节能减排,政府间竞争的激励无处不在。从理论上看,"自上而下"的标尺竞争是中国式财政分权对地方政府行为的重要影响渠道。

大量经验证据显示,在这一分权体制下,地方政府之间展开了多个维度的竞争,尤其是在招商引资方面的竞争尤为激烈,从早期采取通电、通水、通气、通网、平整土地等手段提供良好的基础设施和配套公共服务,到提供低价土地、各种显性隐性方式降低实际税负。这种竞争一方面推动了中国基础设施投资的增长,另一方面也促进了各地营商环境的改善,成为推动中国经济增长的重要动力机制。

8.5.3 地区竞争:挤出效应

但是,地方政府承担的职能并非单一的经济增长,同时要负责每个地方的教育、环境、卫生等涉及民生的各项事业。此时,地方政府之间的标尺竞争尽管给与地方政府很强的发展经济的激励,但同时也不可避免地对其他事业的投入产生了挤出效应。地方政府更偏向于投资见效快、收益高的基础设施,忽视周期长、收益低的民生服务,从而导致公共支出结构失衡、长期经济发展受损(傅勇和张晏,2007),市场保护、地区分割、环境污染等都可能被这种机制强化。

本章要点

- 代理问题源自代理人与委托人之间目标差异与代理人行为的不可观察性;
- 代理人风险厌恶导致激励薪酬设计中存在激励与风险分担之间的权衡,风险补偿金构成激励的主要成本,当风险补偿金过大时委托人倾向于放弃激励;

- 风险补偿金的大小取决于绩效指标度量的方差与代理人的风险厌恶程度,好的绩效指标尽可能利用有效信息来降低对代理人行为度量的误差;
- 相对绩效指标优点在于控制共同因素对代理人绩效的影响,从而更准确度量代理人行为,但前提是代理人之间的绩效具有较强的可比性;
- 多任务委托中,对容易度量的任务强激励会导致不容易度量的任务投入减少。一般选择不同任务的等量激励,或者通过岗位设计,将不容易度量的任务集中在特定岗位,尽量避免容易度量任务与不容易度量任务混合委托;
- 中国式财政分权引导地方政府之间展开有序竞争,推动了中国经济的高速增长,但同时也对地方政府行为产生扭曲,需要设计更为合理的政府绩效指标,以便更好地推进中国式现代化建设。

案例思考

8.1 形式主义何以泛滥

2019年3月,中办印发《关于解决形式主义突出问题为基层减负的通知》,明确2019年为"基层减负年",着力解决困扰基层的形式主义问题。2020年4月,中办又印发《关于持续解决困扰基层的形式主义问题为决胜全面建成小康社会提供坚强作风保证的通知》。中央持续发文整治形式主义,取得了一定的成效,但是形式主义具有顽固性和反复性。

运用博弈论方法来解释形式主义产生的根源,以及为什么存在顽固性和反复性。

8.2 分成制与承包制

在8.3节关于项目管理者绩效薪酬的讨论中,如果采用分成制,其中管理者的分成比例为α,即管理者的工资合同为$w(R)=\alpha R$,如果管理者是风险中性,投资人最优的分成比例是多少?分成合同与奖金合同对管理者的本质区别是什么?

8.3 如何评价高校教师?

理论上,大学与教授可以签订业绩与报酬挂钩的合同,但是事实上这种情况很少出现。下面是教授业绩评估中经常用到的指标,如果用以下指标来考核教授,会存在怎样的问题?

(1)发表的论文数量;

(2)学生对教授授课的教学评价;

(3)毕业生的起点工资;

(4)获得的科研基金金额。

8.4 罚款能够减少家长迟到吗?

Gneezy 和 Rustichini (2000)[①]在以色列幼儿园做了一个关于罚款的实验。幼儿园发现在放学时每天总有一些家长迟到,使得幼儿园需要安排教师陪孩子。为此,实验选择了一所幼儿园作为控制组,另一所幼儿园作为实验组,控制组保持原有安排不变,实验组中引入罚款安排:家长迟到 10 分钟以上就罚款 10 美元。

(1)请问引入罚款后,你预测家长的迟到行为减少了还是增加了,或者不变?为什么?

(2)该罚款持续执行 10 周后,幼儿园取消了罚款,恢复到原来的政策,你预测罚款取消后家长迟到行为会出现怎样的变化?为什么?

8.5 实验:奖励还是惩罚

Hossian 和 List (2009)在南京万利达工厂进行了一组实验,检验奖励与惩罚两种激励机制的效果差异。实验分为奖励组和惩罚组。

奖励组:

很高兴通知你,你的小组入选一个短期项目,从 7 月 28 日起的四周内,如果你们小组一周的平均产出/小时超过或达到目标水平,这一周,除了你的正常工资外,你们可以得到额外的 80 元。

惩罚组:

很高兴通知你,你的小组入选一个短期项目,从 7 月 28 日起的四周内,你们的工资将一次性增加 320 元,这笔新增工资将在 8 月 25 日发放。但是,如果你们小组一周的平均产出/小时低于目标水平,那么这一周将会被扣掉 80 元。

根据实验设计,给定一个小组的产出水平,不管在奖励组还是惩罚组实际

[①] Gneezy, U., and A. Rustichini (2000) "A Fine is a Price," The Journal of Legal Studies, 29(1),1—17.

得到的工资是一样。比如,在这四周内有两周的平均产出达到或超过目标,那么在奖励组就可以得到额外的 160 元;在惩罚组就要被扣掉 160 元,因为开始前就已经发了 320 元,扣去 160 元后,这个月的到手工资比参加实验前增加了 160 元,与奖励组的实际收入是一样的。那么,用奖励的方式激励与用惩罚的方式激励,效果会有差别吗? 为什么有差别?

同时,结合现实生活,我们更经常用哪种激励方式,与实验结果是否一致,为什么?

第 9 章

逆向选择

9.1 隐藏信息与逆向选择

9.1.1 隐藏信息

二手车市场的发展有助于优化资源配置,盘活旧车资源,满足普通家庭购车需求。自 2005 年正式实施《二手车流通管理办法》以来,中国二手车市场取得了快速发展,2023 年二手车累计交易量 1841 万辆,交易金额达 1.18 万亿元。然而,相比欧美成熟市场,中国的二手汽车市场仍发展不足。以美国市场为对照,其新车销量与二手车交易量之比长期维持在 1∶2.3 以上,中国却只有 1∶0.6 左右;美国二手车交易量与汽车保有量之比稳定在 14% 以上,而中国还不到 6%[1]。而于此鲜明对比的是,2023 年二手房交易量则达到了住房保有量的 37% 以上[2]。

那么,是什么因素抑制了中国二手车市场的发展?我们在买二手车时,最担忧的是什么?质量!新车的质量由厂家提供担保,但是二手车没有这种担

---

[1] 2023 年中国新车销售量 3009 万辆,汽车保有量达到 3.36 亿辆,而二手车交易量 1841 万辆,占保有量的 5.5%,新车与二手车交易量比为 1∶0.61。

[2] 数据源自《经济日报》2023 年 12 月 31 日。

保,而且用了多年,车辆处于什么状态,是否有过大修？这些信息买家都不清楚,但是卖家很清楚。此时,关于二手车的质量,买卖双方之间存在严重的信息不对称,相比而言,二手房交易中的信息不对称程度则要小很多。

这里的信息不对称不同于导致代理问题的隐藏行动,二手车交易中是在交易前,交易一方拥有关于交易物价值的私人信息,卖家知道车的质量,而买家不知道,我们称这种不对称信息为交易前的隐藏信息。比如：

- 健康险投保：投保人知道自己的健康状况,但是保险公司不知道投保人生病概率；
- 企业招聘：求职人员知道自己的能力,但企业不知道应聘人员的能力；
- 产品市场：企业知道产品的质量,但是消费者对产品的质量了解有限；
- 资产市场：公司上市时,企业高管了解自家公司的投资价值,但是投资者不了解；

在经济中存在大量类似的信息不对称问题,那么这种不对称信息会对市场交易效率产生怎样的影响?

9.1.2 二手车市场逆向选择

下面我们通过一个简化二手车例子来说明交易前隐藏信息对市场效率的影响。

假定市场上有大量的二手车,有好车、一般质量的车,还有一些是低质量的车。这些二手车对于卖家而言,价值 x 在 10000～30000 元之间均匀分布,每种价值都有相同的可能性。卖家价值为 x 元的车对购买者而言价值为 $v=x+2000$ 元。假定在每一价值水平上,二手车的供应是有限的,有大量的买家准备购买这种车。

如果卖者和买者都清楚车的质量,那么对任意质量为 x 的车,买家之间的竞争会将价格推到：$p(x)=x+2000$ 元。在这样的价格下,每一位二手车主都愿意出售。所以,在信息对称情况下市场能够实现所有二手车的有效交易。

但是,购车者对二手车质量很难掌握全部信息,而卖者对其车的价值则了如指掌。为了简化讨论,我们假设购车者对车的质量了解有限,只知道 x 在 10000～30000 元之间均匀分布。她以一定的价格 p 买到一辆二手车,其质量可能比较好，也可能很差，存在风险。为了简化分析，我们假设购车者是风险中性者，如果在某个价格下能够实现期望利润非负，就愿意接受该价格。

如果所有车都会到市场上出售，那么，车主的平均价值 $E[x]=20000$ 元，对于购车者来讲平均价值为 $E[v]=22000$ 元。这是否意味着购车者以 22000 的价格买到的车能够获得非负期望利润？这里关键问题在于：哪些车愿意以价格 22000 元出售，该价格能够买到的车平均价值 $E[v\,|\,p]$ 是多少？

从车主的角度来看，如果现在二手车的市场价格为 22000 元，哪些车愿意接受该价格？显然，质量比较高（$x>22000$ 元）的二手车不愿意接受该价格，会退出市场，只有质量较低的二手车（$x<22000$ 元）才愿意接受该价格。所以，22000 元的价格买到的车质量最好也就是 $x=22000, v=24000$ 元的车，最差则可能是 $x=10000, v=12000$ 元的差车。根据二手车质量均匀分布假设，这个价格买到的车平均质量为：

$$E[v\,|\,p=22000]=(12000+24000)/2=18000 \text{ 元}。$$

显然，购车者如果用 22000 元的价格去买车，尽管有可能赚，但是大概率是亏钱的，而且平均来讲要亏损 4000 元。所以，哪怕是一个风险中性的购车者也不会愿意出这个价格去购买自己不了解质量的二手车。

那么 18000 元价格可行吗？在这个价格下，车主价值 x 在 10000～18000 元之间的二手车愿意接受该价格，车主价值在 18000～22000 元之间的二手车不愿意接受该价格，退出市场。那么对购车者而言，车的价值 v 在 12000～20000 元之间，平均价值为：

$$E[v\,|\,p=18000]=(12000+20000)/2=16000 \text{ 元}$$

所以，该价格买到的二手车平均来讲还是亏钱。

那么，价格降到 16000 元呢，同理，车主价值在 16000～18000 元的二手车也退出市场了，留在市场上愿意接受 16000 元的二手车的平均价值：

$$E[v\,|\,p=16000]=15000 \text{ 元}。$$

我们看到，由于差车与好车混在一起，购买者无法区分他们的价值，只能根据愿意接受给定价格的车的平均价值定价，导致好车退出市场。好车的退出导致购车者愿意出的价格下降，这又进一步导致好车退出市场，留在市场上的二手车平均值下降，进而导致购车者愿意出的价格继续下降……由此导致一个恶性循环。那么这个市场是否还可能存在一个价格使得有部分二手车得到交易呢？

我们考虑最简单的情形，购车者是风险中性者，愿意接受的最高价格的条件是：期望利润非负，即

$$E[v|p] \geqslant p \tag{9.1}$$

根据前面的讨论，给定价格 p，$E[v|p]=(12000+p+2000)/2$，所以由 (9.1) 式得到 $p=14000$ 元①。所以，在风险中性条件下，只有 x 在 $10000\sim 14000$ 区间的二手车得到交易，只占所有二手车的 20%，另外 80% 质量相对较高的二手车都退出了市场，无法实现有效的交易。导致这一结果的原因是信息不对称下，购车者无法根据二手车的本身价值进行定价，只能根据愿意接受该价格的二手车的平均价值定价，在该价格下高质量的二手车无法找到合适的价格进行交易，从而退出市场。这就形成了差车留在市场交易，好车退出市场的逆向选择现象。这种信息不对称导致的逆向选择在劳动力市场、金融市场等经济活动中普遍存在，而且在下述情形下会更加突出：

①购买者很难了解他们购买商品的价值；

②买卖双方对商品评价差异不大；

第五类合作失败：逆向选择

逆向选择是指信息不对称下，由于低质量商品的存在导致高质量商品退出市场。

9.1.3 服务外包市场逆向选择

二手车市场例子中的逆向选择是由于出售商品的一方拥有关于商品价值的隐藏信息，在经济中也存在许多购买者拥有与交易价值相关的隐藏信息。比如在服务外包市场上，假设 A 公司是 IT 服务供应商，B 公司则计划采购相关服务。B 公司以前是自己内部提供 IT 服务，成本为 C_B。关于 C_B，B 公司自己是知道的，但是 A 公司并不准确了解，只知道该行业有的公司服务成本会大一点，但成本最高也不会超过 22 万元，有的公司成本低一点，最低也要 12 万元。假

---

① 如果引入购车者的风险厌恶，均衡价格会比 14000 元低。

设 C_B 在 12～22 万之间均匀分布,平均为 17 万元。A 公司作为 IT 服务的专业公司,它承担该服务要比采购商自己做要低 2 万元,即 $C_A=C_B-2$。

在谈判中,B 公司报价 16 万元来采购 A 公司的服务,你作为 A 公司的业务经理,你认为 A 公司是否接受该报价,并为 B 公司提供相应的服务?

根据前面的讨论,就整个行业而言,A 公司承担相关业务的平均成本为 15 万元,B 公司的报价 16 万元高于平均成本,这是否意味着 A 公司有 1 万元的预期利润?

这里需要考虑一个问题:什么类型的 B 公司愿意报价 16 万元? A 公司不知道 C_B,但可以从 B 公司的报价推断 B 公司的类型。就如在二手车市场上,我们可以通过市场价格,可以推断愿意接受该价格的二手车平均质量水平。类似的,对于一家追求利润最大化的 B 公司,愿意报价 16 万元外包 IT 服务,他自己内部提供的成本肯定高于 16 万元,那些成本低于 16 万元的 B 公司不愿意报这个价格。所以,报价为 16 万元的 B 公司的平均成本为:

$$C_B=\frac{16+22}{2}=19 \text{ 万元}$$

A 公司承担该业务成本可以低 2 万元,所以 A 公司接受该业务的期望成本为 17 万元,高于报价 16 万元,从期望收益来讲是亏损的。所以,A 公司要求的价格要比 16 万元高,这也就意味着,在信息不对称下那些成本低于 16 万元的 B 公司无法将业务外包出去。

那么,A 公司会要求一个怎样的价格才愿意提供服务? 如果我们假设 A 公司提供服务的条件为:在价格 P 下提供服务的利润非负,即

$$E[C_A\mid P]=\frac{P-2+20}{2}\leqslant P$$

由此,得到 A 公司要求的价格 $P\geqslant 18$ 万元,低于该价格的服务,A 公司的期望利润为负。所以,在信息不对称下,外包市场上只有那些高成本的 B 公司($C_B>18$ 万元)可以将服务外包,而那些成本较低($C_B<18$ 万元)的 B 公司,如果无法证明自己的类型,就如高质量二手车那样,无法实现交易,整个市场的 60% 潜在交易因逆向选择而无法实现,退出外包市场。

【习题 9.1】

在上述问题中,如果 $C_B\in[11,18]$,$C_1=C_B-1$,那么使企业期望利润非负

的服务外包价格是多少？实现的交易占潜在市场的比例是多少？

9.1.4 保险市场逆向选择

保险市场是一个典型信息不对称市场，比如健康保险，保险公司提供健康保险的成本，即理赔的可能性，取决于投保人（保险购买者）的健康情况，或者说发生重大疾病的可能性。预期投保人生病的可能性越高，保险公司要求的保费越高。但反过来，我们看到，给定任意的保费水平，那些生病可能性较高的人更愿意投保，尤其是已经确认有病或濒临死亡的人最想购买保险。由于这些高风险投保人（低价值投保人）的存在，保险公司为了防止亏损，要提高保费。面对较高的保费，那些相对健康，预期自己在下一个保险期内生病可能性比较低的人就会拒绝该保单。随着低风险投保人（高价值投保人）的退出，愿意接受该保单的人的理赔率上升，保险公司要求的保费上涨，继而推动另一部分相对健康的人退出，从而导致逆向选择。

保险市场的逆向选择可能导致某一险种市场效率降低，甚至无法进行市场化提供。比如新农村医疗合作保险，在刚推出时，要农村居民按自愿原则承担大部分保费。村民的反应是典型的逆向选择，已经生病一直拖着没去医院的人第一时间投保，而觉得自己身体很健康的村民则不投保，导致该险种成本很高，商业保险公司无法自负盈亏。最后，各级政府为了提高对农村居民的医疗保障，防止因病致贫现象，中央、省级与县级政府分别承担部分保费，而居民自身只承担少量保费，从而实现全覆盖保险，为农村居民提供最基本的医疗保障，促进农村共同富裕。

9.2　小微企业融资困难与普惠金融

9.2.1 信贷市场逆向选择

小微企业对于促进就业、实现共同富裕具有重要作用。截至 2022 年末，中国中小微企业数量已超过 5200 万户，个体工商户 1.69 亿户，支撑了超过 3 亿人员就业。小微企业的发展与活跃程度直接影响着就业和经济繁荣程度,但在信贷市场上,小微企业却普遍存在贷款难问题。近年来,国家陆续出台了一系列面向小微企业的普惠金融政策,对小微企业的信贷支持力度显著加大,小微企业贷款覆盖率约 20%,但仍然有众多小微企业难以得到信贷支持。

从市场供求关系看,小微企业融资难现象意味着在市场利率水平下贷款需求大于供给,出现信贷配给现象,那么,为什么信贷市场上的价格机制没能实现市场供求均衡?

2001 年诺贝尔经济学奖得主斯蒂格利兹等人的研究揭示了这种信贷配给现象背后的原因(斯蒂格利兹和维斯,Stiglitz and Weiss,1981),其本质在于小微企业与银行之间关于信贷风险存在严重信息不对称,从而引致逆向选择。这种情况下,提高利率并不一定给银行带来更高的期望利润,银行从期望利润最大化角度选择一个较低利率水平,伴随而来的是信贷需求大于供给,形成信贷配给现象。

我们下面考虑一个简单的情形。假设有两家小微企业 A 和 B 都提出 100 万元的贷款申请,而且都没法提供资产用于贷款抵押。其中企业 A 的投资有 90% 的成功可能性,项目成功可以获得 130 万元的收益,投资失败时收益为 0;而企业 B 只有 50% 的成功概率,项目成功时可以获得 200 万元的收益,失败时收益为 0。从风险收益角度企业 A 的投资属于低风险项目,而企业 B 的投资属于高风险项目。

表 9.1 　　　　　　　　　　　　小微企业贷款项目风险

项目	成功时的收益	失败时的收益	成功概率	期望收益
企业 A	130 万元	0	0.9	117 万元
企业 B	200 万元	0	0.5	100 万元

企业知道自己项目的风险类型,如果银行也知道企业的风险类型,假设银行要求的贷款期望回报率为 10%,100 万元贷款要求获得的期望收益为 110 万元。如果给企业 A 贷款,贷款利率为 r_A,企业 A 投资成功时偿还本金和利息 $100\times(1+r_A)$,如果投资失败企业破产,银行损失所有贷款。所以,银行的期望收益为:

$$E[R_A]=0.9\times100\times(1+r_A)+0.1\times0$$

由 $E[R_A]=110$,得到 $r_A=22\%$。企业 A 如果投资成功,在支付了 22%利息后,还有 8 万元利润,所以愿意接受该利率,同时从社会角度看,这笔贷款也是有价值的,是帕累托改进。

但是,如果给企业 B 贷款,贷款利率为 r_B,企业 B 投资成功概率为 50%,所以,银行的期望收益为:

$$E[R_B]=0.5\times100\times(1+r_B)+0.5\times0$$

由 $E[R_B]=110$,得到 $r_B=120\%$。这个利率已经超过企业 B 投资成功时的项目收益,企业 B 无法承担该利率而得不到贷款。

这是信息对称情形下的结果,通过利率调整实现了供求平衡。但是,现实经济中银行无法知道企业的类型,只知道 50%的项目是低风险,50%的项目是高风险。银行如果以利率 r 发放 100 万元贷款,它的期望收益为:

$$E[R]=0.5[0.9\times100\times(1+r)+0.1\times0]+0.5[0.5\times100\times(1+r)+0.5\times0]$$

由 $E[R]=110$ 得到:$r=57\%$。

面对 57%的利率,企业 B 会欣然接受,而对企业 A 而言,这个利率过高了,无法承担,会退出申请,形成逆向选择。在这里企业 A 是银行的高质量客户,而企业 B 是低质量客户,但是由于银行无法区分这两类企业,如果银行通过提高利率来平衡信贷供求,那么会导致逆向选择。而且在上述例子中,银行会发现 57% 的利率下只有高风险企业会申请贷款,最终导致亏损。但是,如果提高到 120%的利率,企业 B 也无法承受,导致市场消失。

9.2.2 普惠金融

小微企业贷款难问题折射了经济中弱势群体的融资困境,比如农户、城市低收入人群、残疾人、老年人都面临融资约束。为这些群体提供适当有效的金融服务是我国实现共同富裕、全面建成小康社会的必然要求。为此,我国采取多种举措推进普惠金融,除了要求国有大型银行开展普惠金融业务,承担社会责任外,还通过银税联动、发展网商银行和社区银行等方式推进普惠金融发展。

银税联动

由于小微企业缺乏有效的资产用于抵押,银行在审核贷款时缺乏相关信息来评估贷款风险。而税务系统掌握的企业纳税信息则可以从另一个角度反映企业的经营风险。那么如何有效利用纳税信息用于银行贷款审核？2015年，国家税务总局和原中国银监会联合推出"银税互动"来推进小微企业贷款。税务部门在依法合规和企业授权的情况下，将企业的部分纳税信息提交给银行。银行利用这些信息，优化信贷模型，为守信小微企业提供贷款。2023年助力小微企业获得银行贷款892.8万笔，贷款金额2.84万亿元。

网商银行

电子商务，尤其是电子支付的快速发展，为各平台积累了大量关于个人及小微企业的交易数据。而这些数据是评估个人或小微企业经营风险和信用风险的重要依据。为此，各平台开发各类产品综合利用这些大数据用于小微企金融。网商银行就是其中的突出代表，网商银行根据小微客户在电子商务、线下收单等各种生产经营活动中积累的信用及行为数据来识别客户的经营风险和信用风险，不仅缓减了信贷中的信息不对称，而且降低了运营成本，但同时网上银行的信贷风险也相对较高，这是后续发展中需要应对的挑战。

案例：网商银行：数字化小微金融模式[①]

网商银行由蚂蚁集团发起，于2015年6月成立，以"无微不至"为品牌理念，致力于解决小微企业、个体户、经营性农户等小微群体的金融需求。网商银行的贷款产品，不需要任何抵押和担保，额度小，户均贷款2.8万元。

网商银行主要通过阿里系电商平台集中拓展小微金融数字化业务并将积累的交易数据用来建立风控模型，网商银行运用数据画像，根据小微客户在电子商务、线下收单、农业种植等各种生产经营活动中积累的信用及行为数据，识别客户的经营风险和信用风险，对客户的还款能力及还款意愿进行较准确的评估，并给予客户授信，简化客户贷款申请流程，大幅降低信贷成本，提高了放款效率。当客户需要借款时，只需依次填写资料、等待审核、签署合同，然后即可获得贷款。这个过程完全在线上进行，不需要借款人到特定地点提交审核资料。而且当借款人在进行贷款时，贷款额度和贷款利率已通过之前的交易数据

[①] 本案例改编自刘晓庆著《X商业银行小微金融业务数字化转型策略研究》，上海财经大学硕士论文，2024年。

分析得出,借款人只需要填写借款用途、借款期限和借款目的。最快 3 秒审核即可通过,全流程高效、快捷,户均运营成本 2.3 元,每位员工一年放贷 8000 多户。

网商银行成立以来实现了快速增长,2023 年贷款规模为 2705.82 亿元,小微贷占比超过 70%,全年累计服务小微客户数超过 5300 万,2023 年营业收入达到 187.43 亿元,净利润达 42 亿元,同期信用减值 100 亿,(30 天口径)不良贷款率为 2.28%。

社区银行[①]

不同于大型银行,社区银行是专注于小微金融服务的城市商业银行,通过社区化模式开展消费贷款业务。社区银行通过将网点大多设置在住宅区、商贸中心、菜市场、建材市场或城乡结合部区域等个体工商户密集的地方,社区内业务事项实现客户经理负责制,从最初的获客、信息收集到最后的信贷管理,在发放贷款时客户经理需要进行双人甚至多人背靠背调查、多侧面调查、多外围关系人调查等调查方式了解客户贷款的真实意图,并判断客户的还款能力。社区化经营使得客户经理对于小微客户的经营情况较为了解,相互之间情感交流较多,"关系型"贷款得以实现。比如泰康银行成立于 1993 年,专注于小微金融业务,截至 2023 年,该银行在上海、浙江、江苏辖内 1600 余个乡镇的业务覆盖率达 82%,使 3300 多万人口从中受益,不良贷款率不到 1%,曾先后多次被国家金融监督管理总局评为"小微企业金融服务先进单位"。

9.3 逆向选择的解决方法

逆向选择导致大量有潜在价值的交易消失了,如果通过一定制度或技术创新能够实现这些消失的交易,那么就会创造很大的市场价值,这不仅是企业创造利润的来源,也是重要的经济增长源泉。下面,我们简要讨论买卖双方或第三方用于解决信息不对称问题的几种常见方式。

9.3.1 有效使用已有的相关信息

在普惠金融发展中,我们看到金融市场逆向选择的一个途径是有效利用已有的相关信息。比如网商银行综合利用电子支付所积累的大数据进行个人信用评级和信贷风险评估，银税联动则利用企业纳税信息来评估贷款风险。对于人寿保险公司来说，死亡率中的年龄和性别特征是重要的统计数据。同时，第三方可能拥有一些相关信息，如果能够有效利用，可以减缓信息不对称程度。

【习题 9.2】

在二手车市场上，有哪些第三方拥有的相关信息有助于减缓信息不对称问题？

9.3.2　法律强制要求披露信息

在资本市场上，投资者与公司之间关于公司的价值存在严重的信息不对称。对于普通投资者而言，既缺乏相关的专业知识，更缺乏相关企业的具体信息，面对一家公司的股票，往往无从判断一家上市公司的价值。此时，哪怕是专业投资分析师，在缺乏必要的财务信息的情况下也很难准确评估一家公司的价值。所以，强制披露就成为许多资本市场的常规要求，以便投资者更准确地估值，一方面保护投资者的利益，更重要的是维护资本市场的稳定，避免频繁出现泡沫或崩盘。但是，上市公司披露的数据本身真实性也是问题，财务数据造假一直是困扰各国资本市场的一个问题，这是相关监管机构要着力解决的问题。

9.3.3　策略行动：信号传递与类型甄别

以上方式都是直接获取相关的信息，但是许多情形下，这种直接信息很有限。此时，信息优势一方（拥有隐藏信息）可以采取策略行动向对方发送信号，来间接显示自己的类型。比如二手车主提供质量担保、企业建立品牌、求职者通过获得学位证书等来显示自己的高类型。我们将在第十章专题讨论信号传递策略。

同样，信息劣势一方（缺乏信息的一方）可以设计机制，由对方的选择行为来间接甄别它们的类型。比如企业通过价格与质量组合的设计来甄别不同偏好的消费者、用人单位通过不同的薪酬合同来甄别求职者的能力或风险态度。我们将在第十一章专题讨论这种用于类型甄别的机制设计问题。

9.3.4 法律要求强制交易

信息不对称下的自愿交易容易导致高质量交易者退出市场,形成逆向选择。其中一种解决思路就是强制交易,要求所有类型的参与者都要进行交易,不能退出,从而保证市场参与者的平均质量不会因为高质量参与者的退出而下降。比如中国法律规定所有机动车都要购买"交强险",不能因为司机自己觉得出事故概率很低而不买保险。在强制保险下,实际上是用低风险投保人的保费补贴了高风险投保人。

本章要点

- 当交易双方对交易物价值存在不对称信息,信息弱势一方只愿意根据市场上商品的平均价值交易,导致高价值商品退出市场,造成逆向选择;
- 信贷市场上的逆向选择是造成中小企业融资困难的主要原因;
- 面对逆向选择问题,政府除了强制信息披露与强制交易等直接干预外,更多地可以通过推进第三方数据的使用、信号传递与类型甄别机制设计等方式来完善市场机制,发挥市场主体自我优化能力;

案例思考

9.1 社区银行

请结合有关社区银行的相关资料回答下列问题:

(1)分析 X 银行在小微金融业务中破解信息不对称问题的方式。

(2)这种方式的运用对社会经济环境有什么要求?是否可以在全国其他地方大面积推广?

(3)这种方式对银行的经营有什么优缺点?

9.2 学术评价

如何对教师进行学术评价一直是高校探索的一个问题,其中有两个问题比较突出:(1)抄袭问题,曾经出现"天下文章一大抄"的现象,一度有不少人凭借"剪刀+浆糊"方式获取学位,甚至职称晋升;(2)学术创新质量的评价,怎么评价,谁来评价。在改革开放后,中国高校先后从数字数、数篇数到看期刊等级;这些评价方式也一直受到批评与质疑,认为应该以"同行评价"方式来评价教师的学术水平。请结合本章内容探讨以下问题:

(1)如何解释当年"抄袭成风"的现象?如何解决这一问题?

(2)"数篇数"与"数字数"的评价方式会导致怎样的结果?

(3)先定期刊等级,然后根据教师成果的等级来评价教师有哪些优点和缺点。

(4)目前许多高校为什么还没有真正采用同行评价方式来考核教师?

9.3 真假乞丐问题

走在大街小巷,会偶尔遇到乞讨者。我们大部分人出于同情心愿意对真正生活困苦的人提供一些帮助。但是,当街头出现一批"职业乞讨人"时,事情就变得复杂了。很多人遇到乞讨者时犹豫起来,更多的时候无声地走开了。请结合本章的内容,构建一个博弈树来分析这种现象。

9.4 自愿离职计划

2024 年 5 月,广汽本田向公司内部征集自愿离职人员,为此次自愿离职员工提供"N+2+1.8"的补偿方案,即 N(工作年限)加上 2 个月工资的标准赔偿,外加 1.8 个月工资作为奖金。此外,还为离职员工发放代通知金、感谢金、预发奖金等,并额外支付 10 天工资。

请根据本章所学的知识分析这一计划将产生怎样的结果。如果你认为这项计划会产生一些问题,那么有什么好方法可以克服或缓解这些问题呢?

9.5 风险投资决策

假定你是一名风险资本投资人。现在有两名企业家各自给了你一份融资计划书,邀请你在他们项目中购买股权。为了便于讨论,我们假设两个项目成功时的价值都有 5000 万元,根据公开的信息来看,两个项目的成功概率都有 50%。

但是,两份融资计划中对股权给了不同的定价:

项目 A:愿意以 1000 万元价格出售 50%的股权;

项目 B:愿意以 500 万元出售 50%的股权。

从投资公司的风险管控角度,你手头的资金只能在这两个项目中选择一个进行投资，请问你会选择哪个项目？为什么？

9.6 劣币驱逐良币

劣币驱逐良币是金属货币时期常见的一种货币现象。有些是由于货币流通中磨损所造成不足值货币成为市场上的劣币，而有些则是政府发行不足值货币所造成的。唐朝早期市场上流通的主要官方货币是"开元通宝"，每一千枚重六斤四两。唐肃宗时期，由于安史之乱，国家财政吃紧，为了获得额外的财政收入，乾元元年(758年)肃宗新发行了一种货币，名称是"乾元重宝"，这种钱的重量是每千枚重十斤，其含铜量是开元通宝的1.56倍，但是，官方规定的面值却是开元通宝的十倍。两种货币同时在市场上流通，乾元重宝就成为不足值"劣币"，而开元通宝成为被低估的"良币"。第二年，唐肃宗再次发行了千枚重二十斤的"重轮乾元钱"，每枚价值开元通宝五十枚，在乾元重宝的基础上，再次将货币贬值了二点五倍。货币的贬值造成了物价飞涨，开元通宝钱也在市面上迅速消失，一部分被藏在家里舍不得用，另一部分被人拿去熔化掉，再偷铸成重轮钱和乾元钱。

劣币驱逐良币的现象与本章讲的逆向选择是同一种问题吗？两者存在什么差异？

9.7 三鹿奶粉事件

2008年中国奶制品污染事件是中国的一起食品安全事故。事件起因是很多食用三鹿奶粉的婴儿被发现患有肾结石，随后在其奶粉中被发现化工原料三聚氰胺。

根据公开数据，截至2008年9月21日，因使用婴幼儿奶粉而接受门诊治疗咨询且已康复的婴幼儿累计39 965人，住院的有12 892人，此前已治愈出院1 579 人，死亡4人，另截至9月25日，香港有5人、澳门有1人确诊患病。事件引起各国高度关注和对乳制品安全的担忧。中国国家质检总局公布对国内的乳制品厂家生产的婴幼儿奶粉的三聚氰胺检验报告后，事件迅速恶化，国内多个厂家的奶粉都检出三聚氰胺。

该事件对国产奶粉声誉产生严重负面影响，国内奶粉出现滞销，2008年受"三氯氰胺"事件影响，全国奶粉库存有30万吨。2009年，受大量库存以及进口奶粉数量的增多等因素影响，我国婴幼儿奶粉产量出现大幅下滑，同比下降24.

55%,国产奶粉市场占有率从 2007 年 65% 下跌到 50% 以下。一直到 2020 年才逐渐恢复到 60%。

(1)请运用博弈论方法解释为什么在事件爆发前添加三聚氰胺成为中国奶粉行业的普遍现象？

(2)请解释事件爆发后为什么国内奶粉品牌都受到负面影响,导致全面萎缩？

第 10 章

信号传递

不管二手车市场上的高质量车,还是劳动力市场上高能力的求职者,如果与低类型的参与者混在一起,要么接受一个较低的平均价格或工资,要么退出市场。不管是哪种选择都是他们不愿看到的结果。如果不能直接证明自己的类型,想提高自己的福利,他们必须采取相应的策略行动,向市场传递信号,让对方相信自己的类型,从而实现有利于自己的交易。那么,怎样的信号是可信的?下面我们通过劳动力市场教育例子讨论信号传递的基本原理,并运用信号传递原理来理解生活中的现象或制度安排。

10.1 学位教育与信号传递

10.1.1 劳动力市场信息不对称

当前社会正快速进入数字时代,大量的知识可以通过网络或线上教育平台获得,那么在这一背景下,大学教育的独特价值在什么地方?就如在线交易的发展对线下商店的挑战一样,大学是否会消亡?如果是为了获得知识或技能,我们为什么不选择各类培训或者在线课程?讨论这个问题时,大家可能会想到很多支持大学存在的理由,或在线教育无法实现的功能,比如系统的价值传承、社交活动等,迈克尔·斯宾塞(Michael Spence,1973,1974)从信号传递视角给出了大学教育的另一个独特功能。

下面我们以MBA学位教育为例来说明教育的信号传递原理。劳动力市场上有许多(潜在)求职者,他们中间有高能力的(θ_H),也有普通能力的(θ_L),我们假设市场上两类人的比例为10%和90%。市场上有许多企业招人,高能力的员工每年能够给企业带来50万元的价值,而普通员工只能带来30万元的价值。

在信息对称的情况下,企业根据员工的能力设计工资合同。为简化讨论,我们假设劳动力市场上企业之间的竞争将员工的工资提高到其所创造的价值。所以,在信息对称情况下,两类员工的工资分别为:

$$w(\theta_H)=50; w(\theta_L)=30$$

现实生活中,员工知道自己的能力,但是企业不知道员工的能力,我们假设企业没有其他方式甄别员工的类型。在两类员工混同的情况下,企业无法根据员工类型来设计薪酬合同,只能根据期望价值支付工资,所以,市场的工资水平为:

$$w(\theta_H)=w(\theta_L)=0.9\times30+0.1\times50=32$$

显然,与信息对称情形相比,在混同的情况下,普通能力的员工工资提高了,而高能力员工的工资降低了。如果高能力员工还有其他更好的机会,就会导致逆向选择。但是,他无法证明自己能力的情况下,这已经是市场愿意给出的最高工资,他只能委屈接受。如果他想改变,只能通过一定的方式证明自己的能力。

现在某大学商学院推出一个3年制MBA项目,项目课程学习有一定的难度,我们将完成课程学习的成本用货币度量,假设能力越强学习成本越低,比如对高能力员工的成本为5万元/年,而对普通员工相对较高为10万元/年。当然学习还要缴纳相应的学费,同时也有一定的机会成本,我们在这里为了简化讨论不考虑这些。

面对这一项目,员工可以选择是否去读MBA,我们这里假设项目的入学考试对两类员工都不构成障碍,只要他们愿意都可以考上。关键在于他们是否有激励去读这个MBA项目。

10.1.2 信号传递:分离均衡

如果市场形成如下信念:认为有 MBA 学位的员工是高能力;而没有 MBA 学位的员工为普通员工。给定市场的信念,企业之间竞争的结果是:有 MBA 学历的员工工资为 50 万元;没有 MBA 学位的员工工资为 30 万元[①]。那么,这种市场信念是否会发生系统性错误,即市场的信念与员工的选择是否一致?

首先,给定市场信念与企业工资合同,高能力员工是否有激励读 MBA 学位?

• 如果他不读 MBA 学位,那么就会被认为是普通能力的,获得的工资为 30 万元;(我们暂时不考虑多期收益问题,即员工可以工作 N 年,每年获得 w 元的工资)

• 如果他读了 MBA 学位,为此 3 年付出的学习成本为 15 万元,可以得到 50 万元的工资,所以净工资为 35 万元。

就上述比较,我们可以推断高能力员工是有激励去读 MBA 学位的。

其次,给定市场信念与企业工资合同,普通员工是否有激励去读 MBA 学位,即模仿高能力员工。

• 如果他不读 MBA 学位,就得到 30 万元;

• 如果他读了 MBA 学位,3 年要付出 30 万元学习成本,尽管会被认为高能力,但是净工资只有 50－30＝20 万元;

对于普通能力的员工而言,这个学位的成本过高,模仿的代价太大,得不偿失,所以不愿意去读 MBA 学位。

所以,我们看到,在上述 MBA 项目的设计与市场信念下,两类员工实现了分离,验证了市场的信念,形成一个博弈的均衡,我们称之为分离均衡。分离均衡满足以下条件:

①两类参与者都根据对可能结果的预期做出了最优反应;

②企业的信念是正确的;

③企业根据信念做出了最优反应(支付了竞争性工资)。

在分离均衡中,读 MBA 学位就成为一上有效的信号,传递了参与者的类型

[①] 我们这里为了简化讨论,假设修读 MBA 学位没有提升员工的能力。

信息。但是高能力员工为了传递该信号付出 15 万元的代价,我们称其为信号成本。

10.1.3 信号成本与信号的价值

现在,如果 MBA 项目降低学习难度,高能力员工需要付出 3 万元/年,普通能力员工也只需要付出 6 万元/年。如果市场的信念与企业的反应不变,对于普通员工而言,读了 MBA 学位能够拿到 50 万元,学习成本为 18 万元,所以净得 32 万元;但是不读 MBA 学位,工资只有 30 万元。所以,此时,由于模仿成本比较低,低能力员工有激励模仿去读 MBA 学位。这就导致两类员工都去读 MBA,市场信念与员工选择不一致,出现系统性错误,更新后认为 MBA 学位员工有 90%是低能力,10%高能力,回到混同状态时的信念。相应地也只愿意给出 32 万工资,面对这一工资,两类员工都不愿意读 MBA 学位。所以,如果普通类型的员工模仿成本过低,无法遏制他们模仿,那么该信号就会失灵。

由此我们得到下述结论:

结论 1:有效的信号传递要支付一定的成本,而且不同类型的参与者信号成本差异要足够大,使得高类型一方有激励发送信号,而低类型一方没有激励发送信号,这样才能实现分离。

所以,我们生活中可以看到许多具有信号传递作用的行为往往具有成本,而且纯粹的资源耗散,只有这样才构成真正意义上的信号发送成本。

试想现在 MBA 教育能够提高员工的能力,3 年学习成本还是原先那样:高能力要 15 万元,低能力 30 万元;但是,通过 MBA 学习,两类员工为企业创造的价值都能够提高 15 万元。那么,此时读 MBA 学位的信号发送成本是多少?这一信号是否还有效?

显然,这一变化与刚才 MBA 项目学习成本下降的影响类似。如果企业还是维持之前的信念,认为有 MBA 学位的员工是高能力的,愿意为有 MBA 学位的员工支付 65 万的工资。此时,普通能力的员工发现,读了 MBA 后的净收入为:65−30=35 万,就有激励去模仿,导致该信号失效。一个直观的原因是:当教育具有提高能力的效应时,发送信号的实际成本下降了,对于普通员工而言,从原来的 30 万元,下降到了 15 万元(30 万−15 万),使得读 MBA 学位有利可图。

所以,发送信号是否有效,并不取决于该信号对信号接受者的价值,而在于发送者实际付出的净成本。一个信号对于接受者的直接价值越大,反而降低了信号发送的成本。

中国有句古话:千里送鹅毛,礼轻情意重。鹅毛对于礼物的接受者而言,价值几乎为0,却能够传递出送礼者深厚的情义,其中的关键在于"千里相送",送礼者付出了极大的代价才赶来送礼,人到的意义远远超过了礼物本身的价值。想象一下七夕节那天,我们给对方送个礼表示一下心意。

礼物一:微信发一个"红包";

礼物二:用不超过红包价值的钱买一个对方一直想买而没有买的东西,然后快递过去;

礼物三:买了礼物二后亲自在七夕节那天送过去。

哪一种效果会更好呢?显然是第三种,此时你为此付出的代价最高。

10.2 广告与品牌

市场上有大量的商品或服务,而且每天都会有新产品出现。除了部分商品我们可以通过观察,凭借经验判断它们的质量,比如家具、蔬菜等,大多数商品是在消费后才知道它们的质量,比如药品,我们称这类商品为体验品;另外一些甚至消费后也不一定能够判断其效果,比如许多保健品如西洋参、冬虫夏草等,这类商品则被称作信任品。那么,体验品或信任品如何解决与消费者之间的信息不对称?下面我们通过两个例子讨论企业如何通过广告和品牌建设来向市场传递信号,解决信息不对称问题。

10.2.1 体验品广告

一家制药企业引进了一种新的药品,该药的效果可能很好(H),也可能很差(L)。公司知道该药的疗效,但是市场上的消费者只知道效果好的概率是1/2,效果很差的概率也是1/2。该企业可以选择为该产品做广告,广告成本为 $c>0$。也可以不做广告,成本为0。市场上有 N 个消费者,在观察到企业是否为感冒药做广告后,决定是否购买该药品(我们假设消费者的选择是相互独立的,暂不考虑他们之间的互动,所以我们用一个代表性消费者来分析消费者的选择)。如果药效好,消费者购买该药品的净收益为1,如果药效差,消费者的净收益为−1,企业的收益为 N(每个消费者的购买给企业带来的收益为1);如果消费者不购买,消费者和企业的收益为 0。如果效果好,那么消费者一旦购买就知道其效果,而且从第二期开始每一期都会购买,在这种情形下企业可以获得一个长期的收益流$\{N,N\cdots\}$,该收益流的现值为 $\frac{\delta}{1-\delta}N$。相反,如果药效差,消费者只会购买一次,此时,企业的收益只有第一期的 N。

现在我们考虑如下信念与策略组合在什么条件下构成一个分离均衡:

- 消费者观察到企业做广告,认为是药效好的药品,并购买;如果没有做广告,则认为是药效差的药品,选择不够买;
- 药效好的企业选择做广告 A;
- 药效差的企业不做广告 NA;

(1)给定对消费者信念与选择的预期,药效好的制药企业选择 A 或 NA 的预期收益分别为:

$$R(A|H)=N+\frac{\delta}{1-\delta}N-c=\frac{N}{1-\delta}-c$$

$$R(NA|H)=0$$

当 $N \geqslant (1-\delta)c$ 时,药效好的制药企业会选择做广告。

(2)给定对消费者信念与选择的预期,药效差的制药企业选择 A 或 NA 的预期收益分别为:

$$R(A|L)=N-c$$

$$R(NA|L)=0$$

当 $N<c$ 时,药效差的制药公司不会选择做广告。

所以,当 $(1-\delta)c \leqslant N<c$ 时,存在分离均衡,此时,药效好的制药公司做广告,而药效差的公司不做广告。这一条件,说明决定广告信号传递价值的关键因素是以下三个:

(1)广告成本(c)。广告成本如果太低,药效差的企业发现哪怕只赚短期的收益就可以回收广告成本,那么这种广告就失去了信号传递的价值。所以,我们不能光看企业是否做广告,而且要看付出多大的成本,这也体现了信号传递的一般原理。同样受众面的广告,一个投入巨大、制作精良的广告效果要比普通广告来得好。企业花费高昂投入聘请明星代言广告,其背后的价值逻辑并不在于消费者相信明星的话,有时候这些明星不见得使用了该产品,关键在于企业为聘请明星付出了高昂的成本,这种成本是低质量企业不愿意支付的。当然,这个成本也不能太高,太高了,连药效好的制药企业也不愿意做广告了。

(2)短期收益 N。在这里主要受消费者规模的影响,也就是做第一期的广告能够吸引的消费者数量。显然,N 越大,企业做广告的激励也越高,但是,N 如果太大,我们会发现,低质量企业也有做广告的激励了。所以,随着 N 的提高,企业要遏制低质量企业模仿所需要付出的广告成本也越高。

实际生活中,消费者的购买决策有先后,而且如果消费者的体验可以及时在消费者群体中扩散,那么广告所能够带来的首批消费者 N 就会下降,更多的消费者成为跟随者,他们的购买所带来的收益就会进入未来收益部分。此时,低质量公司的广告激励就会下降,从而提高广告的信号传递功能,并降低广告的成本。所以,我们看到随着互联网信息传播效率的提高,天价广告越来越少。

(3)贴现因子 δ。根据我们在第五章的讨论,贴现因子综合反映了企业对下一期收益的重视程度,取决于企业的耐心程度或续存下去的概率。企业续存概率越高,越有耐心,那么,高质量企业越有激励去做广告。

10.2.2 品牌与声誉

市场上许多广告并没有指向某个特定的产品,而只是告诉消费者某个品牌,有时甚至是做什么产品也不提及。这实际上是企业进行品牌建设的一种方式,品牌建设有多种途径,比如参加慈善活动、赞助比赛等等,但不管什么途径都有一个共同的特征:这些投入都是一种沉没成本,就如广告费用一样,一旦投入,不管事后企业销售量如何,不会发生变化。正是这种沉没成本性质使得广告以及其他方式品牌投入具有了信号传递的效果。

尤其是一些信任品以及法律规定不能做产品广告(如香烟)的企业更是依赖于品牌建设来建立消费者对品牌的信任,消除产品市场上的信息不对称。而且,信息不对称程度越高,品牌的价值就越大。类似萝卜、土豆等传统蔬菜,我们很少见到有相关的品牌,但是诸如药品、汽车、服务等则有许多品牌。

同时,我们看到关于大米品牌的变化,在二十年前,大米跟其他土豆一样,也没有品牌,但是,现在出现了很多品牌,而且消费者在购买大米时首先会看品牌。这里很重要一个因素是随着我们收入水平的提高,消费者对大米品质的要求越来越高,而有些大米确实具有比较好的口感,这种品质一般都具有体验品性质,企业需要通过品牌建设来与其他大米区分开来。

当然,企业进行品牌建设的目的不单单是信号传递,当品牌能够影响消费者偏好时,比如消费者的品牌忠诚度,品牌就成为企业的竞争优势来源,成为重要的市场进入壁垒。

10.3 钻石价格之谜

亚当·斯密在《国富论》中曾指出:"没有什么能比水更有用。然而水却很少能交换到任何东西。相反,钻石似乎没有任何使用价值,但经常可交换到大量的其他物品。"这个"钻石价格之谜"是经济学原理课程中的一个经典例子。亚当·斯密发表《国富论》的时候,钻石在全世界都很稀缺,但19世纪末南非钻石矿发现后,钻石价格曾一度暴跌。后来戴比尔斯大量收购钻石矿,并建立中央销售机制,通过一系列的宣传,重新将钻石价格稳定在了一个较高的水平。其中"钻石永流传,爱情恒久远"成为经典的营销广告,在钻戒文化的影响下,全球各地的新婚夫妇大多会购买钻戒见证他们的婚礼。

与昂贵的新钻戒相比,普通钻戒的二手价格很低,甚至找不到买家,所以,除了具有收藏价值的钻石以外,购买价格数万的钻戒,一般都不具有保值、增值功能,这与黄金首饰形成了鲜明对比。那么,消费者为什么不愿意为二手钻戒支付很高的价格?钻戒的价值源自哪里?下面,我们偿试从信号传递视角给出一种解释。

10.3.1 钻戒的价值逻辑:信号传递

感情的真假以及强烈程度是困扰人际关系一个很大问题,是一个典型的信息不对称情形。我们总是试图通过各种方式来证明自己对对方的感情,或试图去甄别对方对自己的感情。这个问题对即将走入婚姻殿堂的新婚夫妻而言尤为突出。任何有助于增进彼此感情信任的事物都是有价值的。那么,钻戒在这里能起到怎样的作用,为什么钻戒可以成为爱情的象征,而黄金首饰却没有相应的功能?

考虑同样市场价值为 5 万元的黄金首饰和钻戒。新郎为新娘购买一件 5 万元的黄金首饰与购买 5 万元的钻戒,实质性的区别在哪里?

如果新郎购买了 5 万元的黄金首饰,原则上来讲相当于这个家庭在黄金市场投资了 5 万元,若干年后价值可能会上涨,但至少不会出现大的损失。但是,如果买了 5 万元的钻戒,那就意味着,这个家庭的财富直接损失了 5 万元(先暂时忽略二手出售的价值)。从家庭财富而言,买钻戒与把 5 万元纸币烧了是等价的,唯一的区别在于烧钱得到的是瞬间的火光,而钻戒则是持久的一点亮光。那么,新郎为什么要主动进行这种家庭财富的破坏呢?

运用我们信号传递的原理,正是钻戒这种价值破坏的性质才使得它具有了信号传递的功能,而黄金首饰则无法具备这个功能。因为买黄金首饰是没有信号成本,反而存在增值的可能性。你为对方买 5 万元、甚至 20 万元的黄金首饰,从家庭财富而言没有损失,是一种投资;而购买相应价值的钻戒就是直接的损失,是财产的损耗。新郎是否愿意为新娘"烧钱"一定程度上可以反映新郎对新娘的感情,买了可能不一定完全证实他的感情,但是如果不买可能就传递出负面的信号了。当然,新郎到底要购买多大价值的钻戒,也就是信号成本要多高才能传递有效信号?根据前面的讨论,信号成本因人而已,并不是越高越好。如果新娘要求的太高了,可能把那些真心爱你的人都给吓跑了。反过来讲,双方彼此越是信任,对信号传递的需求越弱;反之,则越需要通过钻戒等"烧钱"行为来传递信号。

10.3.2　二手钻戒市场

钻戒市场一直被过低的二手价格所诟病,那么什么原因导致钻戒二手价格很低?

市场上的钻戒主要用于新婚场景,其价值的很大一部分源自信号传递功能。显然购买者对婚戒本身的来源与背景是很介意的,一般钻戒都会提供原产地证明。

当一对新人选购钻戒时,如果珠宝店向他们推荐二手钻戒,购买者会怎么反应?他们愿意接受一枚二手婚戒吗?购买者的第一反应可能是:这枚钻戒谁用过?她/他为什么出售钻戒?背后的原因有可能是:

- 一对恩爱夫妻双双去世后的遗产;
- 家庭财务出现困难,变现家庭资产以便渡过财务危机;
- 一对离婚夫妇的财产。

存在多种可能,显然后一种是新婚夫妻最不希望看到的,但是,当他们购买二手钻戒时是不可能知道背后故事的。此时,这种信息不对称导致新婚夫妻极不愿意为二手钻戒支付一个高价。而钻戒一旦退出婚戒市场,普通的钻戒价值就远不如人工钻戒了,后者又便宜,又漂亮。

而且,钻戒之所以具有信号传递的价值关键在于二手价格低,购买钻戒具有信号成本,如果二手钻戒价格提高了,相应地信息成本下降,其信号传递的效果也会打折。

本章要点

- 信号发送者通过发送潜在模仿者没有激励模仿的信号来显示自己的类型,一个有效的信号一定要有成本,而且在信号发送者与模仿者之间的成本差异足够大,使得发送者有激励发送信号,而潜在模仿者没有激励模仿;
- 钻石的市场价值正是源于它的价值破坏,使它能够发挥一定的信号传递功能。

案例思考

10.1 千金买马骨

古之国君,有以千金求千里马者,三年不能得。涓人言于君曰:"请求之。"君遣之。三月得千里马,马已死,买其首五百金,反以报君。君大怒曰:"所求者生马,安用死马而捐五百金!"涓人对曰:"死马且买之五百金,况生马乎?天下必以王为能市马,马今至矣!"于是不期年,千里之马至者三。①

请运用本章的原理解释千金买马骨的背后的原理。

10.2 孔雀漂亮的羽毛

小朋友去动物园都喜欢孔雀开屏,有趣的是拥有漂亮羽毛的孔雀恰恰是雄性孔雀,它们通过漂亮的羽毛来吸引雌孔雀。请运用信号传递原理解释为什么雌孔雀根据羽毛的漂亮程度来选配偶是一种正确的择偶策略?试想孔雀世界中也能够整容,那些羽毛不是很漂亮的孔雀通过整容也能够拥有漂亮羽毛,当这一技术推出时,雌孔雀的择偶策略会发生调整吗? 8 1 3 6 A 4 3 8

10.3 百里奚五羊皮

战国时期,秦穆公想重金从楚国赎回百里奚,其谋臣却认为出重金赎不回百里奚,而建议"君不若以逃媵为罪,而贱赎之",于是秦穆公"使人持殺羊之皮五,进于楚王曰:'敝邑有贱臣百里奚者,逃在上国。寡人欲得而加罪,以警亡者,请以五羊皮赎归。'楚王恐失秦欢,乃使东海人囚百里奚以付秦人。"

请运用本章知识解释为什么重金购买无法赎回百里奚,反而低价却能够顺利赎回?

10.4 珠宝商如何应对人工钻石的冲击

人工钻石的价格远不及天然钻石价格,当人工钻戒涌入市场时,普通消费者很难区分天然钻石与人工钻石,存在明显的信息不对称。如果你是珠宝公司负责人,面对这种冲击,会采取哪些措施来应对?

10.5 徙木立信

《史记·商君列传》记录了战国时期商鞅为了推行新的法令而设法取信于民的故事。原文为"令既具,未布,恐民之不信己,乃立三丈之木于国都市南门,募民有能徙置北门者予十金。民怪之,莫敢徙。复曰'能徙者予五十金'。有一人徙之,辄予五十金,以明不欺。卒下令。"②

请运用信号传递原理解释徙木立信背后的逻辑。

---

① 缪文远,缪伟和罗永莲译:《战国策》,2015年版,第600页。
② (西汉)司马迁 著:《史记》,岳麓书社,1988年版,第523页。

第 11 章

机制设计与拍卖

为了缓解越来越拥堵的城市交通,许多城市实施了限牌政策,比如 2023 年上海燃油车个人非营业牌照发放量 15.56 万张,而北京发放小客车牌照只有 10 万张,申请牌照的人数远远超过投放量,那么,谁可以得到这些牌照?以什么方式得到牌照?上海选择拍卖的方式,北京则以摇号的方式来分配限额。如果你是一个城市交通部门负责人,面临日益拥堵的交通,你会选择什么方式来应对?是否限牌?如果限牌,如何分配?

生活中,从个人的衣食住行、就业、医疗、教育等,中美之间的贸易战,到全球谈减排问题,都离不开"谁以什么方式得到什么"这一资源配置问题。资源配置方式的形成受到多种因素的影响,有自然因素,也有社会文化因素,但也离不开政策制定者的设计。比如,从车牌分配政策的设计到中国社会主义市场经济体制的演进,都反映了不同阶段配置规则设计的影响,但是规则设计本身同样是不同个体博弈的结果,本章我们通过市场机制、差别定价和拍卖等具体例子来讨论机制设计的主要原理。

11.1 机制设计:如何让人说真话

第一章简要讨论了李潜夫(明)《灰阑记》中记录的"真假母亲"案,县令判定孩子的归属问题其实就是类型的甄别问题。"谁是真母亲"是两个妇女的私人信息,包拯和其他人都不知道。包拯的思路就是设计一个机制(游戏规则):谁以什么方式得到孩子,让两个妇女在该规则下的行为来显示他们的类型。故事中的机制体现了包拯的智慧,但是,如果我们从理性与策略思维的视角看,包拯设计的机制存在哪些问题?

试想,假母亲是理性的策略性决策者,她预测到自己的行为会暴露自己的类型,她的最优选择是"模仿真母亲",不使劲拉孩子。此时,我们就看到一个怪异的现象,两个妇女都做出拉孩子的架势,但是一旦要伤着孩子,都又缓下来,结果包拯无从判断谁是真母亲。

这个故事给我们以下启示:

(1)机制的设计要根据参与者的理性情况而定。如果参与者都比较"天真",不会进行策略性思考,那么类似包拯的办法是可行的;但是如果参与者是会进行策略思维的理性参与者,那么包拯的办法就无效了。

(2)在参与者是理性的策略互动者的前提下,一个机制要实现目标,就是让参与者在该机制下"说真话",让他们的选择来显示各自的类型。

11.2 市场与效率

在日常商品的生产和消费中,始终存在一个谁来生产、谁来消费的问题。从资源配置效率来讲,我们希望成本较低的生产者来生产,对商品评价比较高(比较需要)的消费者来消费。但是,谁生产成本低,谁评价高?这些都是生产者或消费者的私人信息,如何实现低成本生产者与高评价消费者之间的匹配呢?这是一个经济体需要解决的问题,也是实现经济增长的制度基础。

下面通过一个虚构的只有一种商品的经济体来说明资源配置问题,在这个经济中:

- 一种产品:这个经济中要生产一种产品,不管谁生产,产品是同质的;
- 有 9 个潜在的生产者:每个生产者只能生产 1 单位,但是他们的成本存在差异,表 11.1 设定了经济中每个生产者的成本 C,这里有成本最低的,只要 3 元,也有成本比较高的,需要 9 元才能生产 1 单位产品。他们如果不生产,收益为 0,如果生产,那么他们的净收益为交换中得到的价格 P 减去生产成本即 $P-C$。

- 有9个消费者:每个消费者最多只需要1单位该产品,每个消费者对该产品的评价为V,有的消费者评价比较高,有的则比较低,比如最高为10元,最低的是4元。评价反映了消费者愿意为该产品付出的最高价格P。如果他们通过交换得到该产品,那么净收益为他们的评价减去价格即$V-P$,如果不消费,那么收益为0。

表11.1　　　　　　　　　生产者成本C与消费者评价V

编号	1	2	3	4	5	6	7	8	9
V	11	10	9	8	7	6	5	4	3
C	10	9	8	7	6	5	4	3	2

【习题11.1】

假设现在你是规则的设计者,如果你知道所有人的成本与评价信息,你会决定生产多少?计划生产的数量小于9单位,那么谁生产,谁消费?

根据表11.1中的信息,如果只生产1单位,你会让谁生产,谁消费?要使这单产品生产和消费创造出最大的价值,显然是让成本最低的9号生产者来生产,让评价最高的1号消费者来消费,从而产生9单位的新增价值,这单位产品生产—消费带来的边际剩余为9单位。类似地,如果生产2单位,那么应该让成本最低的8号和9号生产,让1号和2号消费者消费,社会价值又会新增7单位;随着产量的增加,新增一单位产品所能够新增的价值逐渐降低,到了第5单位,它的边际剩余只有1单位了。如果要生产第6单位,消费者对第6单位评价为6,低于生产成本7,该单位的生产使得社会总剩余下降。所以,从社会总剩余最大化的视角看,最优的产量是5单位。

在掌握表11.1中所有信息的条件下,我们很快得到社会总剩余最优产量,并由此决定生产成本最低的5家生产者生产,5位评价最高的消费者消费该产品。但现实问题是:规则设计者并不知道每个生产者的成本信息和消费者的评价信息。那么,这个时候如何设计一个规则把这些低成本的生产者和高评价的消费者识别出来?

对这个问题,我们可能首先会想到市场,如果让市场来配置会产生怎样的结果？有两种方式来回答这个问题，一种是模拟真实市场，通过实验观察由 9 个消费者和 9 个生产者组成的市场会产生什么结果；另一种是运用供求模型来预测这个市场的结果。

【课堂实验】市场交易实验

9 个生产者和 9 个消费者构成一个市场，消费者和生产者的类型分布如表 11.1，每个人只知道自己的类型，不知道别人的类型。消费者和生产者在市场中进行自由的两两谈判，如果双方能够达成一个交易价格，那么就形成一笔交易，该交易价格会在市场公开宣布，交易达成后交易双方就退出市场，并根据他们达成的价格进行交割。关于交易价格 p，有个基本的要求：不能高于交易中买方的评价 V，不能低于卖方的 C，除此之外可以自由谈判。

11.2.1 产品需求曲线：产品的市场边际价值曲线

供求原理是分析竞争性市场的基本方法，我们先找出这个市场的供给曲线和需求曲线，然后根据供求平衡原理找出均衡价格。那么，供求平衡的价格会是实际市场互动的结果吗？供求平衡时的产量会是社会剩余最优产量吗？

需求曲线描述了需求量与价格之间的关系，反映不同价格下消费者对这种产品的购买量。为了简化讨论，给定市场报价 p，每个消费者根据如下原则做出买与不买的决策：只要满足 $V_i \geqslant p$，消费者 i 就决定购买，反之则不购买，所有消费者决策的加总就是该价格对应的需求量。根据表 11.1 中消费者的评价信息，我们可以得到：

- 当价格超过 11 元，需求量为 0；
- 当价格为 11 元时，有 1 个消费者满足 $V_i \geqslant 11$，需求量 $Q_D = 1$，他的评价刚好等于价格 $V_1 = 11 = P$。生产第 1 单位产品带来市场价值为 11 元，即边际价值 $MV(1) = 11$ 元；
- 当价格为 10 元时，有两个消费者满足 $V_i \geqslant 10$，需求量 $Q_D = 2$，其中第 2 个消费者，即新增的消费者评价等于价格：$V_2 = 10 = P$。生产 2 单位创造市场价值为 21 元，新增第 2 单位产品的边际市场价值 $MV(2) = 10$ 元。
- 当价格为 9 元时，有 3 个消费者满足 $V_i \geqslant 9$，需求量 $Q_D = 3$，其中第 3 个

消费者评价等于价格：$V_3=9=P$。生产 3 单位创造市场价值为 30 元，新增第 3 单位产品的边际市场价值 $MV(3)=9$ 元。

……

依次类推，当价格不断下降，需求量会逐渐增加。

• 当价格下降到 3 时，需求量达到最大值 9 单位。生产 9 单位创造市场价值为 63 元，新增第 9 单位产品的边际市场价值 $MV(9)=3$ 元。

由此得到图 11.1 中向右下方倾斜的需求曲线，价格越低需求量越大，反映了普遍存在的需求规律[①]。表 11.2 整理了不同价格水平下的需求量与每新增一单位产出的边际价值。从表 11.2，我们可以看到每个需求量对应的价格正好是该需求量下产品的边际市场价值。所以，如果从需求量 Q 视角看价格 $P(Q)$，我们有 $P(Q)=MV(Q)$，需求曲线不仅反映了不同价格下的市场需求量，而且反映了该产品的边际市场价值曲线，或者说该产品的市场边际支付意愿曲线。

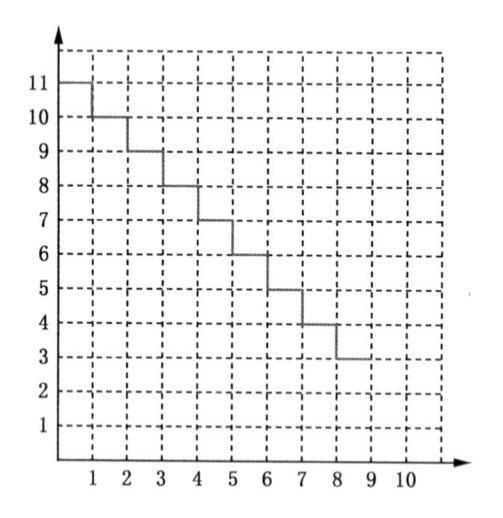

图 11.1　市场需求曲线

---

① 有兴趣的读者可以思考：在什么情况下需求曲线会向右上方倾斜，即价格越高，需求量越大？

表 11.2　　　　　　　　市场价格、需求量与边际支付意愿

P	11	10	9	8	7	6	5	4	3
需求量 Q_D	1	2	3	4	5	6	7	8	9
市场总价值	11	21	30	38	45	51	56	60	63
市场边际价值	11	10	9	8	7	6	5	4	3

11.2.2　供给曲线：市场边际成本曲线

与需求曲线对应，供给曲线描述了一种商品价格与供给量之间的关系，反映不同价格下市场的供应量。给定市场报价 p，每个生产者根据如下原则做出生产或不生产的决策：只要满足 $C_i \leqslant p$，生产者 i 就决定生产，反之则不生产，所有生产者决策的加总就是该价格对应的供给量。根据表 11.1 中生产者的成本信息，我们可以得到：

- 当价格低于 2 元时，没有生产者愿意生产，供给量为 $Q_S=0$；
- 当价格为 2 元时，有 1 个生产者愿意生产，供给量 $Q_S=1$，对他而言此时生产与不生产无差异。此时，生产第 1 单位需要新增成本，即市场边际成本 $MC(1)=2$ 元；
- 当价格为 3 元时，有 2 个生产者满足 $C_i \leqslant 3$，供给量 $Q_S=2$，其中第 2 个生产者，即新增的生产者成本等于价格：$C_2=3=P$。此时，生产 2 单位所需的总成本为 5 元，新增第 2 单位产品的市场边际成本 $MC(2)=3$ 元。
- 当价格为 4 元时，有 3 个生产者满足 $C_i \leqslant 4$，需求量 $Q_S=3$，其中第 3 个生产者生产成本等于价格：$C_3=4=P$。此时，生产 3 单位市场总成本 9 元，新增第 3 单位产品的市场边际成本 $MC(3)=4$ 元。

……

依次类推，当价格不断提高，供给量逐渐增加。

- 当价格上升到 10 元，供给量达到最大值 9 单位。生产 9 单位所需要的总成本为 59 元，新增第 9 单位产品的边际市场价值 $MC(9)=10$ 元。

由此，我们得到图 11.2 中向右上方倾斜的供给曲线，价格越高，供给量越大。表 11.3 整理了不同价格水平下的供给量与每新增一单位产出的市场边际成本。从表 11.3 中，我们可以看到：每个供应量对应的价格正好是该产量的边

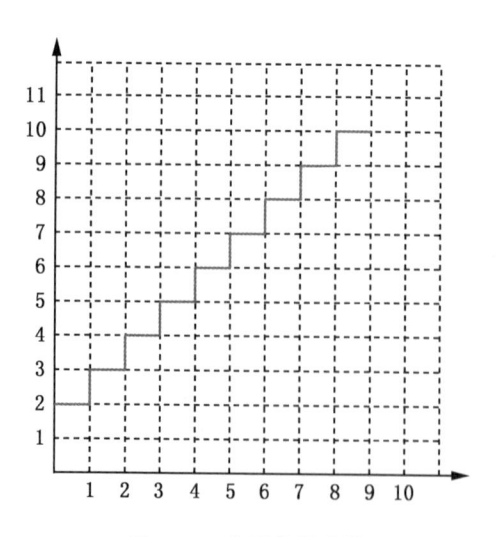

图 11.2　市场供给曲线

际成本 $MC(Q)$。所以,从供给量 Q 视角看价格 $P(Q)$,我们有 $P(Q)=MC(Q)$。供给曲线不仅反映了对应不同价格的市场供应量,而且同时也是该产品的市场边际成本曲线。

表 11.3　　　　　　　　　市场价格、供给量与边际成本

P	10	9	8	7	6	5	4	3	2
供给量 Q_S	9	8	7	6	5	4	3	2	1
市场总成本	54	44	35	27	20	14	9	5	2
市场边际成本	10	9	8	7	6	5	4	3	2

11.2.3　市场均衡与效率

图 11.3 将市场需求曲线与供给曲线结合在一起,完整地描述了这个市场的供求关系。市场通过价格来调节供给与需求,同时供给与需求的力量又会影响价格的调整。比如,当价格为 4 时,需求量达到 8,但是供给量只有 3 单位,需求大于供给,消费者之间的竞争推动价格上涨,吸引更多生产者生产,供给量增加,同时需求量会随着价格提高而下降。如果提高到 5 元,评价为 4 的消费者退出市场,而生产成本为 5 的生产者进入市场,需求量下降为 7,而供给提高到 4,市场仍然处于失衡状态,价格会继续上涨。

反之,如果价格过高,比如价格为 8 元,供给量达到 7 单位,但是需求只有 4 单位,此时,生产成本比较低的生产者愿意以更低的价格出售,吸引更多消费者,生产者之间的竞争会导致价格下降。

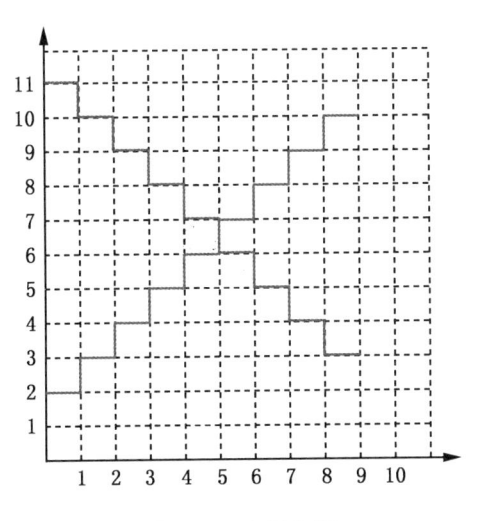

图 11.3 市场均衡

当价格达到 6 元时,需求量为 6 单位,供给量为 5 单位,价格会继续上涨,但是如果涨到 7 元,需求量降低到 5 单位,而供给量提高到 6 单位,价格会下降。所以,当价格 p∈(6,7),比如 p=6.5 时,供给量与需求量相等,此时市场达到均衡,没有生产者和消费者愿意调整价格。均衡价格下,没有生产者或消费者愿意单方偏离该价格水平,所以,从这个意义上讲均衡价格就是纳什均衡价格水平。

回顾我们关于需求曲线与供给曲线含义的讨论,需求曲线反映了该产品的市场边际价值曲线,供给曲线反映了产品的市场边际成本曲线,从市场总剩余的角度看,当边际价值大于边际成本时,该单位的产品生产使得市场总剩余增加,反过来,当第 Q 单位产品的市场边际价值低于边际成本时,该单位产品的生产导致市场剩余下降,当两者相等时,市场剩余达到最大化。在均衡产量下,需求曲线与供给曲线相交,也就意味着在这点上,该产品的边际价值等于边际成本,实现了市场总剩余的最大化。

市场互动中,每个人只知道自己类型,追求个人收益最大化的理性生产者和消费者的互动下,通过价格把评价最高的 5 个消费者,和生产成本最低的 5 个生产者筛选出来,并实现匹配,实现资源的有效配置。市场就如一只无形的手引导市场上生产者和消费者的行为,追求个人利益最大化的行为实现了社会福利的最大化。而且,市场机制在实现资源有效配置时所要求的信息是最少的,每个人只要知道自己的类型就行,不需要知道别人的信息,所以市场机制也是信息上最有效率的。正是因为市场经济资源配置中的效率特点,改革开放以来,经过 30 多年的探索,最终在党的十八届三中全会提出"让市场在资源配置中发挥决定性作用。"正式明确市场经济在中国特色社会主义市场经济制度中的地位。

11.2.4 市场的边界

> "我们的晚餐并不是来自屠夫、啤酒酿造者或点心师傅的善心,而是源于他们对自身利益的考虑……[每个人]只关心他自己的安全、他自己的得益。他由一只看不见的手引导着,去提升他原本没有想过的另一目标。他通过追求自己的利益,结果也提升了社会的利益,比他一心要提升社会利益还要有效。"
>
> ——亚当·斯密《国富论》

1776 年亚当·斯密在《国富论》中写下上述这段话,曾一度成为自由市场鼓吹者的圭臬,甚至逐步扩展到经济领域之外。遗憾的是,市场的有效性并不是绝对的,而是有条件的,市场经济也不是万能的,并不是可以扩展到所有的资源配置问题中。

中国实行市场经济,拉美国家、非洲各国也实行市场经济,但是经济表现截然不同,有的市场经济是一片混乱,彼此相互掠夺,有的市场经济被少数寡头所把持。市场经济要保证有效运行,实现资源的有效配置需要满足一些基本条件:

第一,有效的产权保护,保障自愿交易原则。要保障生产资源配置效率,市场交易中不能有强买强卖行为。这是市场经济运行的基本条件,没有这一点,不仅市场参与者将陷于随时被掠夺的恐慌之中,而且,社会成员也热衷于掠夺和寻租,而不是财富的创造。这就要求有强有力的政府保护产权,但同时要求政府不会成为掠夺者,要求政府有作为,但同时又是有约束的。

第二,自由进入。新企业市场进入门槛比较低,不会因为政策性以及在位企业策略性的进入壁垒导致新企业处于明显的竞争劣势。这要求政府有效抑制垄断行为,维护公平竞争环境。

第三,关于交易的价格信息要及时披露。价格在市场中扮演非常重要的协调作用,如果市场参与者不能观察到价格信息,那么价格机制就无法发挥相应的作用。

第四,较低的交易成本。在实验中,买卖双方聚在一起,不需要相互搜寻,而且一旦达成交易意向,很快就可以交割。但现实中的交易不仅要搜寻交易对象,而且交易中支付工具以及信任问题,这些都会产生交易成本。如果交易成本过高,那么会阻碍许多有效的交易发生。

第五,市场要有一定的厚度。一个市场中如果参与者过少,商品价格很难被准确发现,尤其在不对称信息下的双边谈判很容易导致谈判失败。这就要求形成一个大市场,破除地区间市场之间的分割。电商的发展有助于将全国分散的小市场汇聚成为全国、甚至全球大市场,从而提高资源的配置效率。

第六,关于产品的质量信息,买卖双方要对称。信息的不对称会导致逆向选择,无法实现有效的资源配置。

第七,市场的有效性反映的是交易双方剩余的最大化。我们在第7章讨论公共品时已经指出,当一种商品具有公共品性质时,私人供给很可能出现无效性。在更一般的情形下,当一种商品的生产或消费会通过非价格机制直接影响第三方的福利时,比如生产中的废气、废水的排放损害了周边居民的福利,那么,交易双方剩余不再等于社会剩余。这种情况下,市场交易双方剩余最大化的市场均衡不一定是社会剩余最大化结果。我们将在第12章详细讨论这种外部性对市场资源配置效率的影响。

11.3 差别定价

在市场上,我们可以看到许多有趣的定价行为,比如:
- 一瓶 350 毫升的矿泉水价格与 500 毫升的矿泉水相同,而且在网上、超市、便利店、机场的价格差异很大;
- 同一个航班的机票提前一个月买要比提前一周买便宜很多;但是如果提前 1 小时临时买,说不定可以捡到一张超低价机票;
- 假期酒店价格是平时的一倍多;
- 我们平时买东西一般都有数量折扣,买的越多,价格越优惠;但是,你家里的电价却随着使用量增加阶梯式上升。

同时,不管是买电子设备、汽车还是日用品,我们在挑选商品时都会被复杂的型号与配置所困扰,而有些配置则广为诟病。比如,
- 高铁二等座都提供更为舒适的座位了,飞机上经济舱座位还是这么拥挤。
- 家里用的打印机怎么比公司用的慢这么多,是打印机技术不行吗?

11.3.1 直接差别定价

大家观察到的这些现象其实都是企业差别定价行为,有时也被称为价格歧视。企业之所以能够进行差别定价,首先是消费者对一种产品的支付意愿存在差异。比如对同样的打印机,企业的支付意愿肯定比家庭的支付意愿高;家庭旅游对机票的支付意愿要比商务出差的经理低。

如果企业能够直接区分不同支付意愿的消费者,那么就可以直接对那些支付意愿比较高的消费者收取一个高价格;反之对支付意愿比较低的消费者收取一个较低的价格。比如,矿泉水根据销售地点收取不同的价格,奢侈品在不同地区收取不同的价格等。

11.3.2 间接差别定价

但很多时候,企业无法获得消费者支付意愿的信息,此时,企业需要设计一

个机制把不同消费者区分开来，并收取不同的价格。我们假设市场上有两类消费者，对质量有较高评价的消费者（H）和对质量评价比较低的消费者（L）。假设企业可以选择的产品质量为 S、M、L、XL 四档水平，每提高一档成本要增加 5 元。消费者对不同质量水平的评价见表 11.4，对同样的质量水平，两类消费者的评价（或支付意愿）存在很大的差异，同时，对质量变化敏感性也存在差异。同样将质量从 S 级提高到 M 级，H 类型评价增加 15 单位，而 L 类型只提高 6 单位，但有一点是相同的，随着质量的提高，消费者对质量的边际价值递减。

表 11.4　　　　　　　　　　消费者对质量的评价

	产品质量	S	M	L	XL
	生产成本	5	10	15	20
H	V_H	20	35	45	53
	MV_H		15	10	6
L	V_L	15	21	24	26
	MV_L		6	3	2

对称信息下的直接差别定价

如果企业知道消费者的类型，给定企业每提高一级质量的边际成本为 5，那么，对两类消费者利润最大化的质量供给和价格分别为：

• H 类型：提供 XL 级，并定价 53 元，此时企业从该产品获得利润 33 元；

• L 类型：提供 M 级，并定价 21 元，此时企业从该产品获得利润 11 元；

所以，从两类消费者中企业获得的总利润为 44 元。

不对称信息下的间接差别定价

但是，实际中企业无法直接观察到消费者的类型，同时向市场推出两个套餐：(XL, 53 元)和(M, 21 元)。两类消费者会如何选择？

• L 类型消费者选择 XL 套餐亏 25 元，选择 M 套餐得到 0，所以，没有激励选择 XL 套餐。

• H 类型消费者选择 XL 套餐得到收益为 0，如果选择 M 套餐得到的收益 14 元。所以，H 会模仿 L 选择 M 套餐，因为 XL 套餐价格过高，M 套餐性价比更高。

此时，L 的剩余为 0，但 H 通过模仿，获得了 14 元的剩余，要比信息对称情形的剩余要高出 14 元。我们称这种因为信息优势而获得的额外剩余为信息租金。

所以，在不对称信息下，企业只能以 21 元价格出售 2 单位 M 套餐，获得 22 元利润，这比对称信息下少了 22 元利润。而且此时，社会总剩余只有 36 元，比对称信息下的 44 元少，存在福利损失。那么，企业如何吸引 H 购买 XL 套餐？

方案一：降低 XL 套餐价格。企业要吸引 H 购买高质量的商品，那么必须让她没有激励去模仿，也就是至少让她觉得购买高质量与低质量套餐是无差异的。其中，最简单的方法就是降低高质量套餐的价格，让利给高评价消费者。因为 H 通过模仿 L，购买(M,21 元)可以获得 14 元的剩余，所以，只有把 XL 产品价格降低到 39 元，即提供套餐(XL,39 元)，此时，H 对两个套餐无差异，没有激励去模仿 L。此时，企业由此获得的利润为 11+19＝30 元，比之前方案提高了 8 元。

方案二：放弃 M 套餐。企业也可以选择只向市场提供 XL 产品，并定价 53 元，此时企业可以获得 33 元利润，这个方案比单纯降价让利的方案一可以获得更高的利润。

那么，企业是否有可能在同时向两个市场提供产品的同时获得更高利润呢？要吸引 H 购买 XL 产品，除了降低 XL 的价格，还可以降低 L 市场产品质量来降低对 H 的吸引力，使得 H 类型消费者没兴趣买 L。比如，推出如下两个套餐：

套餐 A：(XL,48 元)

套餐 B：(S,15 元)

L 类型消费者仍然购买套餐 B，但是 H 消费者模仿的收益只有 5 元，只要 XL 产品能够给她提供 5 元的收益，那么就没有激励模仿了，所以，企业可以将 XL 的价格定为 48 元。此时，H 类型消费者的信息租金降低到了 5 元，而企业的利润则提高到 38 元，比其他两个方案都要高。同时社会总剩余也增加到了 43 元，相对其他两个方案有了福利的改进。但是，相对最优水平少了 1 元，这是由于信息不对称导致的效率损失。为了降低 H 类型消费者的信息租金，提高企业利润，企业在 L 市场的产品质量选择不是最优的，而是为了降低 H 类型消费的模仿激励而调整到次优水平 S。

从套餐 A 和 B 的组合,我们可以看到企业通过间接差别定价提高企业利润的基本原理,即通过破坏 L 市场产品质量降低 H 类型消费者模仿激励,节约 H 市场的信息租金,从而提高企业利润。这正是市场上各种定价行为背后的逻辑,比如:

慢速的家用打印机:企业用户对打印机速度更为敏感,支付意愿更高,为了在市场上将两类用户区分开,不管是打印机还是复印机,定位家庭用户的配置速度都比企业用的低很多。

狭窄的经济舱:一个航班一般会提供经济舱与商务舱供消费者选择。但我们发现经济舱几十年来一直这么狭窄,哪怕稍微再宽 10 厘米,消费者的体验会好很多,也愿意为此支付更好的价格,以弥补航空公司的成本。但是航空公司为什么不做这种改进呢?背后的逻辑就在于:如果经济舱调整得很舒服,那么谁买商务舱的票呢?市场上有对舒适度评价高的消费者,也有许多评价相对低一点的消费者,但是企业无法在消费者购票时识别他们的类型,为此,企业通过降低经济舱的舒适度来降低高评价者的信息租金,提高企业的利润。

11.3.3 差别定价与社会福利

面对企业的差别定价行为,政府是否要进行干预?对大多数差别定价,政府并没有干预,因为这种定价能够提高资源配置的效率和社会福利水平。表 11.5 汇总了信息不对称下三种不同套餐下的福利分配。我们看到,实现间接差别定价的套餐组合(S,15)和(XL,48)下企业获得利润和社会剩余是最高的,企业通过实施差别定价,能够向两类消费者都提供产品,如果禁止这种定价行为,企业的最优选择是放弃 L 市场,只向 H 市场提供产品。所以,从资源配置与社会福利角度看,差别定价能够提高资源配置效率和社会剩余水平。

表 11.5 不对称信息下套餐设计与福利分配

	H 剩余	L 剩余	企业利润	社会剩余
(M,21),(XL,53)	14	0	22	36
(XL,53)	0	0	33	33
(S,15),(XL,48)	5	0	38	43

一般而言，我们可以接受旺季的高价机票和酒店，但是往往无法接受疫情期间的天价口罩，我们可以接受对老人和儿童的优惠价，但无法接受对老人收取高价。同样，在劳动力市场上，我们不能接受基于性别、肤色的差别定价。所以，企业的差别定价行为不能违反当地的法律、习俗或道德要求。

11.4　拍卖

拍卖是一种古老而又现代的资源配置机制，早在古巴比伦文明就有关于拍卖的记载，但又是在半个世纪前的理论创新将拍卖机制推广到了现代经济各个层面，从网上二手商品拍卖，到政府土地招标、药品采购招标、国债发行等，都在采用拍卖的方式来实现商品与服务的交易。设计良好的拍卖机制不仅能够帮助拍卖方卖出一个好的价格或者为采购方获得一个较低的采购价格，而且能够帮助拍卖方，尤其解决政府采购中的腐败问题。但是，如果设计不到位，也会出现竞标人的合谋问题。2000 年欧洲各国通过拍卖方式分配 3G 牌照，但是牌照的人均价格有高达 650 欧元，也有低到 20 欧元，充分显示拍卖设计的重要性。

根据拍卖规则划分，拍卖可以分为四种最基本的拍卖方式：

英式拍卖：竞标人公开竞价，价格按规则由低往高竞价，报价最高的竞标人赢标，并支付自己报的价格。最常见的是拍卖行中艺术品拍卖，政府土地拍卖也常用这种方式。

荷式拍卖：也是一种公开竞价规则，但是价格从高往低调整。一开始主持人会喊一个较高的价格，如果没人接受该价格，那么往下调整，一直降到有人举牌接受该价格，拍卖才结束。

一级价格密封拍卖：这是一种密封价格拍卖方式，竞标人看不到别人的报价，同时向拍卖方提交自己的报价。报价最高的人赢标，并支付自己所报的价格。

二级价格密封拍卖：这也是一种密封价格拍卖，报价最高的人赢标，但是所支付的价格不是自己的报价，而是次高报价。该拍卖规则也被称作维克利拍卖，是由经济学家维克利（Vickley）设计提出。

根据竞标人对标的物的评价是否相互关联划分，拍卖又可以分为以下三种：

　　私人价值拍卖：每个竞标人对标的物的评价相互独立，别人对标的物的评价高低不会影响自己对该标的物的评价。比如我对一部手机的评价，不会因为我知道了其他人的评价而调整。

　　共同价值拍卖：与私人价值拍卖相反，另外一类拍卖的标的物价值对所有人是相同的，比如股票、国债等，这些标的物，不管谁持有，给持有者带来的价值都是相同的，关键的差异在于不同竞标人对该商品的价值拥有不同的信息，导致事前的估值存在差异。比如一家公司的股票，根据原先掌握的信息，你估值100元，但是当你得知一家资深投行对该股票的估值是130元，你从对方的估值中推断对方应该是拥有一些你所不知道的关于这家公司的利好消息，所以，你会调高对标的物的估值。反之，了解到对方的估值比你低，你会调低估值。

　　相关价值拍卖：私人价值拍卖和共同价值拍卖是两种极端情形，经济中更多的是相关价值拍卖。比如油田、土地等，不同公司对一块土地的估值有很大关联，毕竟都受到这个区域房价走势的影响，但是各家公司的开发能力存在差异，不同公司对该片土地的估值也会存在一定的差异。

　　下面，我们就私人价值情形讨论四种基本拍卖规则的基本特征。

11.4.1　二级价格密封拍卖：让人说真话的机制

【课堂实验】生日拍卖

　　每个同学 i 对标的物都有一个自己的评价 v_i，该评价值由同学自己生日的年月日所有数字简单加总得到，比如：生日为 2003 年 8 月 24 日，那么 $v_i=2+3+8+2+4=19$。每个人知道自己的评价，但不知道别人的评价。每个人同时给出自己的报价 b_i，报价最高的人赢标，支付价格为次高报价，赢标人的收益为他的评价减去交易价格。

　　请问：假设你追求最大化自己的收益，如果你的 $v=19$，你会报价多少？

　　生日拍卖是一个私人价值二级价格密封拍卖，如果你的报价最高，那么你就赢标，但是支付的价格不是你自己的报价，而是次高报价（除了你的报价以外的最高报价)。此时,是否意味着你可以往高报一点?

你的报价越高,赢标的概率越大,但这并不一定提高你的收益。我们记你对标的物的评价为 v,记其他人的最高报价为 b_j。其他人的最高报价可能低于你的评价,也可能高于你的评价。

• 如果 $b_j<v$,此时,如果赢标,你的收益为 $v-b_j>0$,最优的选择是尽可能提高自己的报价赢得拍卖。所以,所有超过 b_j 的竞价策略都无差异,都可以赢标,并获得正的收益 $v-b_j$。

• 如果 $b_j>v$,别人的最高报价已经超过你的评价 v。这种情况下,如果你提高报价赢得拍卖,你的收益为 $v-b_j<0$,赢得拍卖反而让自己亏损。

所以,在不确定其他人最高价水平的情况下,并不是报价越高越好。一个基本原则:不要提高报价去赢亏损的标,而是在确保自己不亏损($b_j<v$)的情况下尽可能提高自己的报价,即 $b=v$,我们称该策略为如实报价策略。因为如实报价不会赢下亏损的标,所以,如实报价 $b=v$ 不会比高报 $b>v$ 差。同时,如实报价不会错过那些能够盈利的标,所以,如实报价也不会比低报差。因为如实报价策略有时与低报或高报策略一样好,所以,如实报价策略只能说不比其他竞价策略差。关于二级价格密封拍卖,我们有如下命题:

命题:二级价格密封拍卖中真实报价 $b=v$ 是竞拍人的弱占优策略。

我们也可以通过如下程序做进一步的论证。

首先,如实报价策略弱占优于低报策略 $b<v$。

给定 $b<v$,b_j 的相对大小可能出现三种情形:

(1)当 $b<b_j<v$,此时过度低报,无法赢标,而如实报价策略能够赢标同时获得正的收益;所以,在这种情形下真实报价比低报好;

(2)当 $b_j<b<v$,此时低报幅度不大,可以赢标,与如实报价策略无差异;

(3)当 $b<v<b_j$,此时低报策略和如实报价策略都无法赢标,两种策略无差异。

综合起来,不管其他人的报价策略如何,如实报价的策略不会比低报策略差,低报策略可能错失可以盈利的机会。

第二,如实报价策略弱占优于高报策略 $b>v$。

给定 $b>v$,b_j 的相对大小也可能出现三种情形:

(1)当 $b_j < v < b$，此时别人报价低于自己的评价，此时高报和如实报价都能够赢标，两类策略无差异；

(2)当 $v < b_j < b$，此时别人报价高于自己的评价，如果高报幅度比较大，赢下了竞标，则会出现亏损，而如实报价无法赢标，收益为 0，所以，这种情形下真实报价策略的收益高于高报策略；

(3)当 $v < b < b_j$，此时高报策略和如实报价策略都无法赢标，两种策略无差异。

类似地，不管其他人的报价策略如何，如实报价的策略不会比高报策略差，高报策略可能出现赢标但亏损的情形。

二级价格密封拍卖的局限性：合谋

在二级价格密封拍卖中，说真话是弱占优策略。这是否意味着这就是我们要寻找的一种理想机制，破解了隐藏信息所造成的效率损失问题？

遗憾的是，如实报价策略仅仅是参与者的弱占优策略，而不是严格占优策略，在该规则下还有许多其他"不好"的纳什均衡。假设现在有三个人竞标，他们的评价分别为：$v_1 = 15$，$v_2 = 19$，$v_3 = 25$，那么如实报价的策略组合为：($b_1 = 15$，$b_2 = 19$，$b_3 = 25$)，这个策略组合本身是一个纳什均衡。大家可以检验下面两个策略是否为纳什均衡。

组合 A：($b_1 = 0$，$b_2 = 0$，$b_3 = 25$)是纳什均衡吗？

报价组合 A 下，竞拍人 3 将赢标，同时支付 0 元，这个结果对于卖方是一个很糟糕的结果。那么，这是一个纳什均衡吗？在什么情况下有可能出现？首先，我们看三个竞拍人是否有偏离该策略组合的激励。我们假设三个竞拍人都只关心自己的收益，不在乎别人的收益。

• 给定预期 3 会报价 25，那 1 和 2 提高报价赢标会亏损，所以，低于 25 的价格都无法赢标，收益为 0，所以，报价 0 不会比其他策略差，没有激励偏离；

• 给定预期 1 和 2 会报价 0，那么，3 报价 25 能够赢标，得到 25 单位收益，调整报价不会增加他的收益，所以，他也没有激励偏离。

所以($b_1 = 0$，$b_2 = 0$，$b_3 = 25$)是一个纳什均衡。该均衡出现的一个前提是 1 和 2 预期到 3 会报价 25。形成这一预期可能的一种情形是：1 和 2 参加拍卖前知道竞拍人 3 的评价比较高，是一个优势竞拍人。1 和 2 发现自己竞争不过，选择放弃竞拍。另一种可能则比较糟糕,就是 3 个人之间的合谋,上述分析说明三人之间的合谋策略是一个纳什均衡,也就意味着该合谋是可以实施的。所以,二级价格密封拍卖容易被这种合谋所侵害,同时事前的公开的评价信息也会损害该拍卖的竞争性。

组合 B:$(b_1=30, b_2=0, b_3=0)$**是纳什均衡吗?**

相对于 A 而言,报价策略组合 B 更为极端,不仅以 0 元价格成交,而且让评价最低的参与者 1 赢标。但我们发现,这是一个纳什均衡,如果预期协调一致,各方都没有偏离激励,但是这里存在一个可信性问题:1 报价 30 是否可信?但是,如果策略组合 B 是三人之间的一个合谋协议,一旦达成达成该协议,其本身是具有可实施性。

【习题 11.1】

请你设计二级价格密封拍卖下其他构成纳什均衡的报价策略组合。比如让竞拍人 2 以 0 的价格赢标。

从上述两个报价策略组合的讨论中,我们可以看到,二级价格密封拍卖中,尽管"说真话"是每个参与者的弱占优策略,是一个很好的性质。但遗憾的是,该拍卖规则下存在许多其他纳什均衡,而且这些纳什均衡的结果让标的物以很低的价格成交,甚至可能出现资源配置的无效率。所以,二级价格密封拍卖尽管具有良好的性质,但是非常脆弱,容易受到合谋的影响。但是,该拍卖规则在理论上有助于我们理解其他拍卖规则,在实践中可以与其他拍卖规则组合,克服其自身弱点,发挥其优点。

11.4.2 英式拍卖

如果我们按英式拍卖方式来组织生日拍卖,同样评价分别为 $v_1=15$, $v_2=19$, $v_3=25$ 的三个参与者来竞标。我们假设竞拍人的目标追求自身净收益 $v-p$ 最大化,每个人知道自己的评价,但不知道别人的评价,拍卖人也不知道竞标人的评价信息。

竞价策略

根据英式拍卖规则,价格从底价开始,我们这里设置为 0 元,每次加价至少

1元。竞拍人要根据别人的竞价和自己的评价随时决定是否竞价，整个拍卖过程可能会比较长。竞拍人的竞价策略看似复杂，但是，我们想一下，如果你无法亲自参加竞价，要委托一个朋友去竞价，那么你会跟他如何交代？一般而言：你会给他一个你能够接受的最高价格 b_i，如果竞价过程中最高报价低于 b_i，那么参与竞价，否则就放弃。所以，英式拍卖中竞拍人的竞价策略可以简化为自己的心理底价 b_i，这从形式上与二级价格密封拍卖中的策略等价。类似于二级价格密封拍卖，我们可以得到 $b_i = v_i$ 是竞拍人的弱占优策略。因为如果 $b_i < v_i$ 可能错过能够盈利的标，如果 $b_i > v_i$ 则可能赢下亏损的标。

竞拍均衡与效率

给定每个竞拍人的心理底价 $(b_1, b_2, b_3) = (v_1, v_2, v_3) = (15, 19, 25)$。当从 0 开始竞价时，只要价格低于 15 元，三个竞拍人有激励竞价，但是当价格上升到 15 元后，参与者 1 将放弃竞价。此时，2 和 3 继续竞价，价格到 19 元时，参与者 2 放弃竞价，参与者 1 将以该价格赢得拍卖，拍卖成交价为最高竞价 19 元。在这一均衡中，最终评价最高的竞拍人赢标，资源配置是有效率的。同时支付次高评价，卖方得到次高评价 19 的元，赢标人得到信息租金 6 元。

策略等价性

我们看到在英式拍卖中，给定竞拍人的报价策略，底价最高的竞拍人赢标，支付价格是次高底价。

所以，英式拍卖与二级价格密封拍卖，虽然规则上存在差异，表现形式与实现过程不同，但是两种拍卖规则具有策略等价性：

- 策略形式等价：都是确定一个报价 b_i；
- 赢标规则相同：报价最高的竞拍人赢标；
- 支付规则相同：赢标人支付次高报价，其他支付为 0。

正是这种等价性，使得两者具有相似的优点和缺点：

优点：有效性。在充分竞争下都是评价最高的竞标者赢标，实现有效的资源配置。

缺点：进入抑制。两种拍卖规则都存在被合谋侵入的可能性。当竞拍人 1 和 2 知道 3 的评价比他们都高，是优势竞拍人，那么，1 和 2 就可能放弃参加拍卖，尤其是参与拍卖存在费用的时候，这会导致优势竞拍人 3 能够以很低的价格赢得标的物。我们称这种现象为"进入抑制",即优势竞标人的存在抑制了其他竞标者参加拍卖,从而无法形成充分的竞争。

所以,英式拍卖具有明显的优势,但也存在其弱点。要发挥其优势,充分的竞争是其前提。

11.4.3 一级价格密封拍卖

一级价格密封拍卖是实际中运用比较多的一种拍卖规则。每个竞拍人在不知道别人报价的情况下提交自己的报价 b_i;报价最高者赢标,成交价为最高报价。给定所有竞拍人的报价 $(b_1, b_2, \cdots, b_n)$,我们记 $b_{<i>}$ 为除了 b_i 以外的最高报价,参与者 i 提交报价 b_i 的期望收益为:

$$Eu(b_i | b_{-i}) = Pro\{b_i > b_{<i>}\}(v_i - b_i) \tag{11.1}$$

提高自己的报价 b_i 可以提高自己的赢标概率 $Pro\{b_i > b_{<i>}\}$,但同时也会减少自己的赢标时的净收益 $(v_i - b_i)$。所以,竞拍人要在赢标概率与赢标后的收益之间进行权衡。一般而言,竞拍人的最优竞价满足:$b_i < v_i$,即最优报价总比自己的评价低一些,如果选择 $b_i = v_i$ 就没有任何赢利空间了。但是低报的幅度要取决于:

· 拍卖竞争的程度越强,低报幅度会越小。拍卖竞争程度受参加竞拍的人数以及竞争者评价的接近程度的影响;

· 竞拍人越厌恶风险,低报幅度会越小。竞价越低赢标概率越小,风险也会越高,所以,如果竞拍人风险厌恶程度越高,那么竞价也会越高。

由于在一级价格密封拍卖中竞拍人都会采取不同程度的低报竞价策略,所以,谁能够赢标出现了不确定性。由此产生该拍卖规则下拍卖结果的两个特征:

· 赢标人不一定是评价最高的竞拍人,所以最终的资源配置不一定是有效率的。

· 具有鼓励进入的特点。由于评价低的人也有一定机会赢标,所以,与英式拍卖的进入抑制相反,即使存在优势竞拍人,一级价格密封拍卖能够鼓励评价略低于最高评价者参加拍卖。

11.4.4　荷式拍卖

荷式拍卖是公开叫价拍卖,形式上与一级价格密封拍卖存在较大的差异,但是双方在策略与收益上存在等价性。

首先,在策略上,一级价格密封拍卖中竞拍人要提交自己的竞价,在荷式拍卖中,当价格不断往下降时,竞拍人需要确定一个自己愿意接受的最高价格,从策略上看,这两种拍卖规则是等价的;

其次,赢标规则上,一级价格密封拍卖中竞价最高的竞拍人赢标,在荷式拍卖中则是底价最高者赢标,所以,两者的赢标规则也具有等价性。

第三,拍卖交易价格等价。一级价格密封拍卖中交易价格为最高报价,而荷式拍卖中则是最高底价为成交价。

所以,荷式拍卖与一级价格密封拍卖具有策略等价性,虽然拍卖形式存在差异,但是两者具有等价的竞价策略、赢标规则与拍卖结果。所以,荷氏拍卖在竞价策略、拍卖结果的性质上与一级价格密封拍卖具有相似性。

11.4.5　赢者的诅咒

【课堂实验】钱包拍卖

我们请班上10位同学一起参加这个游戏,信封里有10张纸条,每张纸条上写了一个数字,分别为1—10。每个同学先后从信封中抽取一张纸条,看到数字后放回信封,然后交给下一个同学抽取纸条。一个钱包的价值等于10个同学抽到的10个数字总和。每个同学知道自己抽到的数字,但不知道别的同学抽取到了什么数字。

现在以二级价格密封拍卖方式来拍卖这个钱包,你是10个同学中的一位,假设你手中的数字为6,你会如何竞价?

钱包拍卖是一个典型的共同价值拍卖,钱包的价值对所有竞拍人都是相同的。但是,每个竞拍人只知道部分信息,只能根据自己所掌握的信息(自己抽取的数字)来估计钱包的价值。

在这个实验中，每个人都有相同的机会抽到 1—10 中的每一个数字，所以，抽到的数字的期望值为 $E[x]=5.5$。所以，在每个同学抽取前，钱包价值的期望值 $E[V]=55$。现在，你作为参与者 1 抽中的数字是 6，那么钱包的期望价值为：

$$E[V|x_1=6]=6+9\times E[x_{-1}]=6+9\times 5.5=55.5 \qquad (11.2)$$

此时，在二级价格密封拍卖规则下，你将如何报价？

回想二级价格密封拍卖中竞拍人的弱占优策略是按自己的评价进行报价。如果我们也按此策略进行报价 $b(x_1=6)=55.5$，是否能够确保自己不亏损呢？

假设，现在告诉你：你的竞价是最高的，你赢标了。赢标意味着什么？如果班上的同学都采用类似你的策略进行报价，你为什么能够会赢呢？原因很简单：因为你最乐观，或者说你手中的数字最大。因为根据你的报价策略，手中的数字越大，对钱包的估值越高，进而报价也会越高。如果大家采用的是相似的策略，那么，"你赢标"这一事实说明其他同学抽中的数字不会比你大，这就意味着，在你得知你"赢"了，你可以推断：

$$E[x_{-1}|\text{赢}]=3<E[x_{-1}]=35 \qquad (11.3)$$

由此，你根据新的信息会对钱包重新估值：

$$E[V|x_1=6, \text{赢}]=6+9*E[x_{-1}|\text{赢}]=33 \qquad (11.4)$$

所以，如果你根据(11.2)式中的事前条件期望值进行报价大概率是亏损的，也就是出现"赢者的诅咒"现象。

这是共同价值拍卖与私人价值拍卖中一个典型的差异。共同价值拍卖中，别人的报价能够传递出他人关于标的物估值的信息，由此会影响你对标的物的估值。所以，我们在竞价时要根据"如果我这个报价能够赢，即别人报价都比我低"的情况下的估值来进行竞价。

11.5　甄别真假母亲

根据我们在 11.1 节中的讨论，包拯所设计的真假母亲甄别方案存在很大的漏洞，如果假母亲预期到包拯的安排存在可信性问题，采取模仿策略，那么该机制就无法识别真假母亲。那么，我们如何运用前面所讨论的机制设计方法来甄别真假母亲？

如果我们假设真母亲比假母亲更疼爱孩子,真母亲对孩子的评价 $V_真$ 要大于假母亲的评价 $V_假$,那么,真假母亲的甄别问题实际上与我们在拍卖问题中所面对的问题类似:将标的物(孩子)配置给评价最高的竞拍人(母亲)。甄别真假母亲也就是要设计一个机制让两个妇女说真话。

11.5.1　甄别机制:英式拍卖

根据我们对四种拍卖方式的讨论,显然,一级价格密封拍卖和荷式拍卖都无法保证"真母亲"能够得到孩子,如果采用英式拍卖,真母亲可以得到孩子,但是要为此付出一定的代价。那么,如何让真母亲得到孩子的同时不要付出高昂的代价,我们不能让真母亲因为爱而受到惩罚。

在真假母亲案中,尽管别人不知道谁是真母亲,或谁对孩子评价更高,但是假母亲知道对方是真母亲,也就是说假母亲知道对方是一个优势竞拍人(能够给出比自己更高的价格)。当拍卖中"存在优势竞拍人"是竞拍人之间的共同知识时,英式拍卖就会出现进入抑制问题,优势竞拍人的存在会抑制其他竞拍人参加拍卖,降低拍卖的竞争,甚至导致最低价成交。但是,如果我们机制设计的目标是降低成交价,那么"进入抑制"这个性质就成为一个很好的性质。如果设计适当的拍卖参与成本,就可以抑制假母亲参加竞拍,从而让真母亲以 0 成本得到孩子。

现在妇女 1 和妇女 2 都声称自己是孩子的母亲,事前县令不知道谁是真母亲。为此,县令安排如下:

(1)先后询问妇女 1 和妇女 2 是否参加拍卖;

(2)如果妇女 1 放弃参加拍卖,那妇女 2 得到孩子;如果妇女 1 参加拍卖,看到妇女 1 参加,妇女 2 决定不参加,那么妇女 1 得到孩子;

(3)如果两个妇女都决定参加拍卖,那么双方都支付拍卖参与费 F 后开始英式拍卖,竞价最高的妇女赢得孩子。

县令在询问时并不知道谁是真母亲,所以,第一个被询问的可能是真母亲,也可能是假母亲,两个母亲行动顺序可能会对博弈结果产生影响。因此,这个机制要有效果,需要确保无论什么情况下,该机制都能够让真母亲得到孩子。

下面我们分两种情况来讨论该机制下两个妇女的选择。

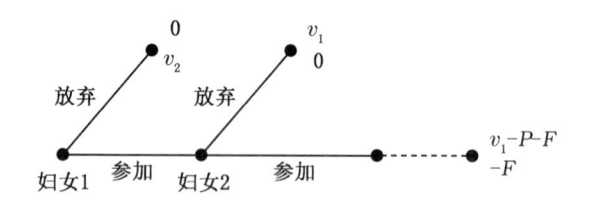

图 11.5 真假母亲甄别机制

11.5.2 情形 1:妇女 1 是真母亲。

当妇女 1 是真母亲,那么有 $v_1 > v_2$,如果双方选择参加拍卖,那么,第二阶段英式拍卖的结果将是妇女 1 以成交价 $P = v_2$ 赢得拍卖,得到的支付为 $v_1 - v_2 - F$,假母亲妇女 2 得到的支付为 $-F$,见图 11.5。

当妇女 2 看到妇女 1 选择参加拍卖,如果妇女 2 选择参加拍卖,那么可以预期到自己的支付为 $-F$,低于放弃的支付,所以,作为假母亲的妇女 2 会选择放弃。

真母亲妇女 1 预期到妇女 2 在看到自己参加时会选择放弃,所以,她会选择参加拍卖,从而以 0 成本得到孩子。假母亲的放弃实际上就是发挥了英式拍卖进入抑制的特点。

11.5.3 情形 2:妇女 2 是真母亲。

当妇女 2 是真母亲,那么有 $v_2 > v_1$,如果双方选择参加拍卖,那么,第二阶段英式拍卖的结果将是妇女 2 以成交价 $P = v_1$ 赢得拍卖,得到的支付为 $v_2 - v_1 - F$,假母亲妇女 1 得到的支付为 $-F$。

当妇女 2 看到妇女 1 选择参加拍卖,如果妇女 2 选择参加拍卖,那么可以预期的支付为 $v_2 - v_1 - F$,选择放弃的支付为 0。所以,当参与费 $F \leqslant v_2 - v_1$ 时,真母亲会选择参加拍卖;当参与费 $F > v_2 - v_1$ 时,会选择放弃参加拍卖。

当参与费 $F \leqslant v_2 - v_1$ 时,假母亲妇女 1 预期到真母亲会选择参加拍卖,自己选择参加就会得到 $-F$,所以会选择放弃,这样妇女 2 真母亲能够以 0 成本得到孩子。

但是，如果 $F > v_2 - v_1$，假母亲妇女 1 预期到妇女 2 在看到自己参加时会选择放弃，所以，她会选择参加，从而假母亲以 0 成本得到孩子。

所以，要抑制假母亲参与拍卖，需要设置必要的拍卖参与费，但是，要确保真母亲得到孩子，拍卖参与费不能高于真假母亲对孩子的评价差，否则真母亲被第二个问及时会选择放弃参加拍卖。

本章要点

- 市场通过价格协调供求行为实现市场出清，发现商品的均衡价格；同时，也通过价格筛选低成本的生产者和高评价的消费者实现资源的有效配置；
- 由于消费者支付意愿和对价格敏感性存在差异，企业试图通过差别定价来提高销售利润。在不对称信息约束下，企业会通过降低面向低评价者的产品价值来遏止高评价者的模仿，从而实现类型的甄别，但高评价者（模仿者）因为信息优势而获得额外的信息租金；
- 二级价格密封拍卖存在能够让竞拍人说真话的弱占优策略均衡，但同时也存在大量竞拍人合谋的纳什均衡，比较容易受到合谋的侵害；
- 英式拍卖在充分竞争的情况下最高评价者赢得拍卖，能够实现资源的有效配置，并将交易价格抬升到次高评价，赢标人获得相应的信息租金；
- 一级价格密封拍卖中竞标人的最优竞标策略都有低报特征，可能会导致低评价者赢标，事后资源配置不一定是最优，但是这个特点会鼓励竞标人参与拍卖；
- 共同价值拍卖中容易出现赢者的诅咒现象，竞拍人应该将自己的竞价如果能够赢时的标的物条件期望价值作为竞价的依据。

案例思考

11.1 车牌限额的分配

随着城市汽车保有量的快速增长，城市交通日益拥堵。各地政府采取不同政策来缓解交通拥堵问题，"限牌"是目前许多城市采用的政策，即限制每年发放的牌照数量以限制每年新增的私家车数量，如何来分配限量牌照就成为政府考虑的一个重要问题。比如上海通过拍卖方式进行分配，北京则是通过摇号的方式,广东则通过拍卖和摇号组合的方式。

(1)上海市牌照拍卖为什么存在持续的价格上涨压力,迫使政府实施限价拍卖?

(2)结合上海、北京与广东限牌政策的实际情况,从效率与公平角度评价三种分配方式。

(3)限牌政策是否能够有效解决各个城市的拥堵问题?为什么?

(4)你认为有哪些其他方式可以更好地解决城市交通拥堵问题?

11.2 3G牌照拍卖机制设计

2000年英国无线通讯市场上有4家2G网络运营商,英国政府计划通过拍卖方式分配3G牌照。为了尽可能提高3G牌照的价格,英国政府设计了如下拍卖规则:

(1)总共拍卖4张3G牌照;

(2)拍卖分为两个阶段,第一阶段,所有竞拍企业参加英式拍卖竞价,价格提高到只有5家企业愿意接受该价格时,第一阶段拍卖结束;第二阶段:第一阶段中遴选出的5家企业展开一级价格密封拍卖,出价前四名的企业赢得3G牌照。

请结合本章知识讨论以下问题:

(1)英国政府为什么设计两阶段拍卖规则,背后的逻辑是什么?

(2)你认为拍卖规则可以作怎样的调整来提高拍卖的竞争程度?

11.3 廉租房是否要安装厕所?

2010年网上曾就廉租房是否要安装厕所展开争论,一方认为廉租房只要每层安装公共厕所就行,不用建得太舒适;另一方认为廉租房内安装厕所这是基本的配置,应该安装。

你认为是否安装厕所,理由是什么?

11.4 指鹿为马

(赵高)持鹿献于二世(秦二世皇帝胡亥),曰:"马也。"二世笑曰:"丞相误邪?谓鹿为马。"问左右(身边的人),左右或默,或言马以阿顺赵高,或言鹿……(汉·司马迁《史记·秦始皇本纪》)

(1)请运用本章知识分析赵高"指鹿为马"的意图与背后的逻辑。

(2)"指鹿为马"与"皇帝的新衣"背后的逻辑存在哪些异同?

第 12 章

公共地悲剧与社会责任

12.1 公共地悲剧

12.1.1 外部性

造纸厂制浆漂白过程中会产生二噁英,并随着废水排入河流。二噁英一旦排放到环境中,就会通过水产品和肉类等食物进入人体。根据研究,二噁英会引致癌症等健康问题。经济学基本原理告诉我们:市场能够实现资源的有效配置(第 11 章),而二噁英的排放是市场行为的结果,这是否意味着现在的二噁英的排放是有效的? 为了回答这个问题,我们需要区分个人行为影响其他人福利的两种不同方式。

2000 年后,许多东北居民到三亚购置房产,他们的到来一定程度上推动了三亚房价的上涨。三亚当地的原有业主因为自己房子升值而受益,当地政府可以获得更多土地出让金也会受益,但是那些租客以及当地计划买房的居民则不得不支付或承担更高的租金和房价。三亚当地的商家也会因为有更多的人流而受益,而东北地区的商家则是因为人口流失而受损。当经济达到新的均衡,实际收入的分配已经发生了很大的变化。

在上面人口流动的例子中,所有的影响都是通过市场价格的变化传导的。

假设在人口流动前，资源的配置是帕累托有效的，需求与供给曲线的移动改变了相对价格，但是充分竞争能够保证市场效率，此时没有市场失灵。只要对其他人福利的所有影响都是通过价格传导的，那么市场始终是有效的。

但是，二噁英的排放对我们健康的影响则不同于这种影响方式。我们因为吃了污染的鱼肉而生病，或者吸入汽车尾气影响健康，都不是企业价格变化的结果，而是企业污染排放，或者燃油车驾驶直接影响了我们。当个体（个人或组织）的活动直接影响其他人的福利，而没有反映在市场价格上，那么我们称这种影响为外部性（因为个体行为直接影响了在市场"外部"的其他人的福利）。

> 【概念】外部性
> 个体行为通过市场价格以外的方式给其他人直接带来的成本或收益。

外部性也可能是正面的。比如大学把校园绿化做得很好，周边居民都可以从中受益，你的微笑可以给周围的人带来良好的氛围。公共品则是一种特殊的外部性。你将寝室打扫干净给其他同学带来正外部性，王五建灯塔使得其他经过的船只都能够受益。公共品的特点在于这种外部性活动具有对称性，首先参与者的策略集是相同的，比如都面临建多少灯塔的问题；其次，所产生的外部性是相同性质的，王五建灯塔能够产生正外部性，钱六建灯塔同样可以带来正外部性，尽管不同人对公共品的偏好存在差异，外部性强度不同，但是性质是相同的。

12.1.2 公共地悲剧

在公共资源使用中，这种外部性就更为普遍。空气、河流、湖泊都是公共的，如果没有政府的干预，谁都可以排放废气到大气层，也可以排放废水到河流湖泊中。就如曾经的太湖水质良好，而且渔业资源丰富。但随着太湖周边经济的发展，围绕太湖新建了大量企业，这些企业就如造纸厂一样，把太湖当作自家企业免费排放污水的地方。每家企业排放时都没有考虑到对水质、对周边居民、对渔民的影响，当污染排放超过太湖自身净化能力后，太湖水质不断恶化，蓝藻问题频繁出现。

长江作为我国"淡水鱼类的摇篮"，也是世界上生物多样性最为丰富的河流之一。长江分布有 4300 多种水生生物,鱼类有 424 种,其中 180 多种为长江特有。但是,曾经的长江三鲜数量衰减严重,其中,鲥鱼早已灭绝,野生河豚数量极少,长江刀鱼数量急剧下降,从过去最高产 4142 吨下降到年均不足 100 吨,被炒至天价。而青、草、鲢、鳙四大家鱼曾是长江里最多的经济鱼类,如今资源量已大幅萎缩,种苗发生量与 20 世纪 50 年代相比下降了 90% 以上,产卵量从最高 1200 亿尾降至最低不足 10 亿尾。据统计,长江上游有 79 种鱼类为受威胁物种,居国内各大河流之首,中华绒螯蟹资源也接近枯竭。

不管是太湖污染,还是长江渔业资源的枯竭,都是公共资源可能面临的问题。这些公共资源由于没有明确的产权界定,属于公共资源,资源的使用者在使用时都没有考虑对他人的影响,导致过度使用,所有人的过度使用最终导致资源的枯竭。这一问题在世界各地的工业化过程中都普遍出现,1968 年哈丁在《科学》杂志上发文"公共地悲剧",直指工业化对环境造成的破坏。公共地悲剧是典型的由于外部性问题所导致的市场失灵。

面对这一问题,中国在近 20 多年中不断加强环境治理,提出"绿水青山就是金山银山"的绿色发展理念,采取了强有力措施治理环境,解决公共地悲剧问题。比如 2019 年 12 月 2 日农业农村部发布《长江流域重点水域禁捕和建立补偿制度实施方案》,实施建国以来最为严格的禁渔,以便修复长江生态系统。除了这种政府直接干预以外,政府还可以通过明确产权、征收排污费等市场化方式来推进外部性问题的解决。同时,面对社会或组织成员自发形成的社会规范促使个人主动控制自己行为的外部性,解决外部性问题。

经验证据:水污染对健康的影响[①]

现有的许多研究将水质与多种健康问题联系起来,包括水源性疾病与癌症。然而,很难找到水污染对健康影响的确凿证据。由于伦理和技术原因,科学家不能对污染进行控制和随机实验。所以,只能根据可观察的数据展开分析,但是有很多局限性。首先,用这些观察数据分析时,其他许多影响癌症发病率的因素都没有控制住,比如,在水污染严重的地区,可能空气污染也严重,所观察到的水污染与癌症的相关性,可能是空气污染造成的,所以不能推断出水

---

① Ebenstein, Avraham(2012),"The Consequences of Industrialization: Evidence from Water Pollution andDigestive Cancers in China." Review of Economics and Statistics, Vol. 94, No. 1, 186 - 201.

污染与癌症的因果关系。其次，使用污染的水并不会导致人们马上就得癌症，而是长期暴露在致癌物的情况下慢慢发展的。在这期间，人们可能在地区之间已经迁徙了，所以很难找到水污染对癌症影响的经验证据。

农业生产中大量使用化肥，可以提高产量，但同时也造成水污染，同期大量工业废水排放到河流湖泊，导致自上世纪 90 年代以来水污染问题日益严重。同一时期，中国癌症患者大幅度上升。由于期间中国各地区之间的人口流动相对有限，同时，由于降水的差异导致地区之间水污染程度差异很大。Ebenstein (2012) 分析显示水质每下降 1 单位 (6 级水质分类)，胃癌的发病率增加 9.7%。

12.1.3　外部性与效率

设想张三经营一个工厂将废水排放到了河里，而李四依赖于这条河打鱼谋生。这条河没有所有者，而张三的废水排放给李四带来了负面影响，在没有外部干预的情况下，这种负面影响并没有反映在市场价格中，所以，张三的决策中并不会考虑对李四所造成的伤害。在这个例子中，清洁的水对张三是生产过程中的一种投入品，就像劳动力、资本、土地等其他投入品一样，在使用过程中会被消耗。清洁水资源是一种有其他用途的稀缺资源，比如饮用、灌溉以及养鱼。所以，从效率角度要求张三为自己对水的使用支付一个价格，以反映可用于其他用途的稀缺水资源的价值。但如果张三并不需要为排污而支付任何价格，那么就会过度使用水资源。

边际私人成本与边际外部成本

为了更直观讨论废水排放中产量选择的无效性，我们用图 12.1 来描述该问题。图中横轴表示张三的产量 Q，纵轴表示价格或成本。张三的最优产量决策取决于边际私人成本 (MPC) 与边际收益 (MR)。MR 曲线表示张三的工厂每个产量下的边际收益，反映了消费者的边际支付意愿，不失一般性，我们假设随着产量提高边际收益递减。MPC 曲线表示张三生产 Q 单位产品的边际私人成本，反映了除了外部成本以外张三为新增一单位产品新增的各类成本。我们假设随着产量提高私人边际成本递增。由于张三有废水排放，所以张三每一单位产出会对李四带来成本，MEC 曲线表示张三生产 Q 单位时对李四所产生的边际损失或张三生产活动所带来的边际外部成本，假设 MEC 曲线也是递增的，也就是废水排放越多,新增一单位产品所产生的损失越大。

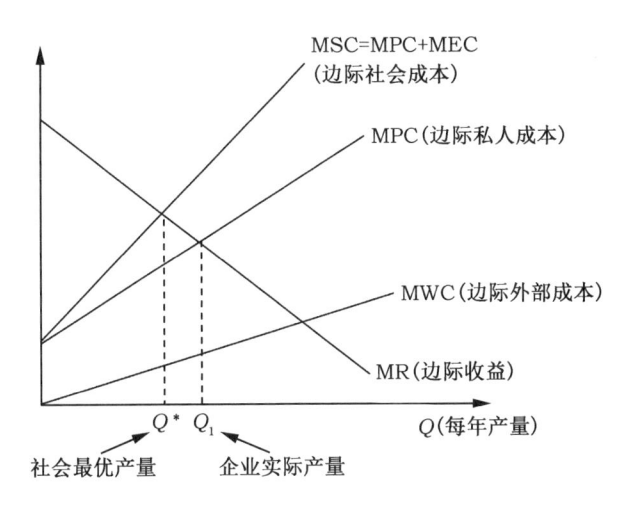

图 12.1　外部性问题

效率损失:废水排放过多

从张三企业的利润最大化角度,从图 12.1 中我们看到,当 MR 曲线与 MPC 曲线相交时,产量为 Q_1 时实现最大化利润。

但是,从社会总体角度看,最优产量应该满足社会边际收益等于社会边际成本(MSC)。而社会边际成本由两部分组成:生产企业的私人边际成本(MPC)和边际外部成本(MEC)。在图 12.1 中,我们将 MPC 曲线和 MEC 曲线叠加得到 MSC 曲线,任意产量 Q 下 MSC 曲线与 MPC 曲线的垂直距离就是该产量的边际外部成本,即对李四渔场产生的边际损失,MSC－MPC＝MEC。所以,社会最优的产量正好是 MR 与 MSC 相交的产量 Q^*,小于企业利润最大化的产量水平,即张三排污过多了,导致对公共水资源的滥用。

12.1.4　谈判与科斯定理

张三之所以会过度排放废水,导致水资源滥用,本质原因在于河流没有所有者,或者说河流尽管归国家所有,但是不需要为排污付费。反之,张三在决定劳动力、原材料以及资本投入时,则会仔细权衡,因为他要为这些投入向投入品所有者支付价格,而且该价格反映了这些资源的机会成本,即在其他用途中能够产生的价值,否则这些所有者会把投入品卖给其他人,从而使得这些资源的使用达到最优水平。

所以，解决外部性问题，一个最为直接的思路就是能否明确在使用中存在外部性资源的产权，从而形成一个市场给这些影响定价。

产权配置方案一：李四拥有河流产权

假设李四拥有河流，没有李四的允许张三不能向河里排放污水。李四可以向张三的排污行为收费，这个费用反映张三排污对他打鱼造成的损失。张三自然会把这笔费用作为成本放到他的生产决策中，而不会再无效率地过度使用河水。那么双方是否存在谈判的空间，即存在一个排污费 f 使得张三有激励将产量降低到 Q^*。双方就排污费进行谈判，如果张三支付的费用 f 超过废水对李四产生的损失（MEC），那么李四是愿意接受该排污费的。同理，张三发现如果这笔费用低于该单位产品所带来的边际利润 $MR-MPC$，那么他也愿意支付这笔排污费。从第一单位产品开始，此时张三愿意支付的最高排污费 $MR-MPC$ 远大于 MEC，所以就第一单位而言，有足够大的谈判空间。依此类推，要张三有激励生产第 Q^* 单位产品，他愿意支付的最高 $f^{max}=MR(Q^*)-MPC(Q^*)$ $=dc$，而李四愿意接受的最低排污费 $f^{min}=MEC(Q^*)=dc$，存在唯一的排污费水平达成第 Q^* 的生产，见图 12.2。但是任何大于的 Q^* 产量，都不存在一个排污费水平让双方都能够接受。比如第 Q_1 单位，他愿意支付的最高 $f^{max}=MR(Q_1)-MPC(Q_1)=0$，而李四愿意接受的最低排污费 $f^{min}_{\xi}=MEC(Q^*)=gh>0$，不存在一个排污费水平使得双方都满意。

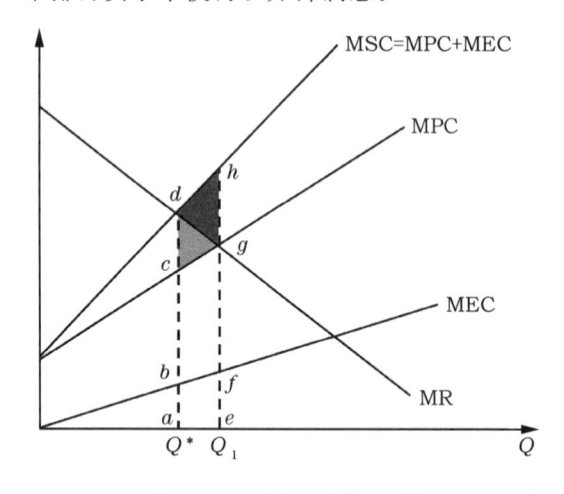

图 12.2 产权配置与谈判

产权配置方案二：张三拥有河流产权

反过来，如果张三拥有清洁河水的产权，此时，李四如果要张三减少废水排放，需要向张三支付相应的减排补贴 s。李四愿意支付的补贴取决于河水被污染的程度，对于第 Q 单位产品，他愿意支付的最高补贴 $s^{max}=MEC(Q)$，张三愿意接受的最低补贴水平 $s^{min}=MR(Q)-MPC(Q)$，即放弃该单位产品生产而损失的净收益。显然，对于第 Q_1 单位，张三的 $s^{min}=0$，而李四愿意支付的 $s^{max}=MEC(Q_1)=ef$，双方存在很大的谈判空间来达成该单位的减排。对于第 Q^* 单位，张三的 $s^{min}=MR(Q^*)-MPC(Q^*)=dc$，而李四愿意支付的 $s^{max}=MEC(Q^*)=dc$，双方存在唯一的补贴水平达成该单位的减排。对于其他小于 Q^* 的产量都出现 $s^{min}>s^{max}$，双方无法找到一个补贴水平将产量降低到 Q^* 以下。

所以，只要有人拥有这一稀缺资源，对该稀缺资源进行定价，价格反映其机会成本，那么该资源就会被有效使用。相反，资源被共同所有，由于每个人都没有激励把对别人的影响内部化（自己决策时没有激励考虑对他人造成的负面影响），从而导致资源的过度使用。

科斯定理

不过，在前面的分析中有两个重要假设：

假设1：双方谈判成本为零，或者足够低；

假设2：资源的所有者能够识别对该资源造成损失的原因，并能够合法地阻止这种损失。

在这两个假设下，我们围绕图12.1的讨论意味着有效结果的实现不依赖于谁拥有产权，只要产权明确，并能够得到有效的保护，那么私人之间的谈判能够实现有效的资源配置，这一结论就是著名的科斯定理（以诺贝尔经济学奖获得者科斯（Ronald Coase）命名）。

科斯定理

给定谈判成本可忽略不计，只要赋予任何一方产权，那么就能够实现对外部性问题的有效解决方案，而且跟产权的配置方案无关。

在现实生活中，上述两个假设往往不成立。比如空气污染，涉及到成千上

万个体(个人或企业),很难想象他们能够在足够低的谈判成本下在一起进行谈判。即使清洁空气的产权明确了,但是如何识别空气污染物是从哪家企业排放的,以及承担多大比例的责任,这些都很难客观度量。

科斯定理只有在少数个体参与,并且外部性被良好定义的情形中有可能成立。但此时关于排污的边际收益与受害者的边际外部成本可能都是私人信息,在信息不对称情形下的双边谈判很容易失败。而且,当存在明显的收入效应时,产权的配置直接影响参与个体之间的收入分配,如果个体选择具有显著收入效应,那么产权配置则会影响最终的资源配置结果,此时无关性命题就不一定成立。

但是,科斯定理告诉我们产权是一种重要的激励制度,明确产权有助于许多重要外部性问题的解决。比如针对公共草场的过度滥用,明确草场的使用权配置,可以有效避免草场的过度使用。为了保护濒临灭绝的非洲白犀牛,在1991年前南非主要采用禁止捕杀白犀牛的方式,但是偷猎活动屡禁不止。因为白犀牛在法律上是没有主人的资产,所以,没有人有激励遵守禁止捕杀的法律。在1991年南非改变了做法,允许私人拥有野生动物,并通过一定的技术手段加以标签识别。同时政府举办白犀牛的拍卖,白犀牛的市场价格和强有利的白犀牛产权保护综合在一起,给农场主提供了很强的保护白犀牛的激励。该方案实施后,白犀牛的数量从1991年不足6000头,到2010年增长到了20000头(Sas—Rolfer,2012)。

同样,在新农村建设中,许多地区发现通过退耕还林,保护山林和水资源,能够吸引大量游客,繁荣本地商业,甚至可以收取门票,使得当地居民获得更高的收入,真正实现绿水青山就是金山银山。

12.2　市场与政府:环境规制机制设计

就如前面讨论的,针对空气污染、水污染等外部性问题,往往难以明确私人产权,对于外部性所造成的损失也很难识别每个排污者的责任大小。为此,政府往往采取直接干预的方式来保护环境。此时,政府面临一个信息约束的环境规制机制设计的问题。尽管政府可以努力估计污染的成本(比如污染治理所需要的投入等），但政府并不清楚每个排污者的污染物排放的边际价值，那么如何确定每家排污企业的排放量或产量呢？比如，2021年，中国宣布了碳排放的控制目标，那么如何来配置有限的碳排放指标，使得这些指标配置有效率？

12.2.1　庇古税

征收庇古税或排污费是传统的政府环境管制工具。在图12.3中，如果政府知道边际外部成本以及边际收益与边际私人成本信息，为了将企业产量调整到社会有效水平，对企业每单位产品都征收一笔税 $t=\text{MEC}(Q^*)$，此时企业的边际成本曲线就是 $\text{MPC}+t$，正好与 MR 曲线相较于产量 Q^*，即在庇古税下企业的最优产量正好是社会最优产量。

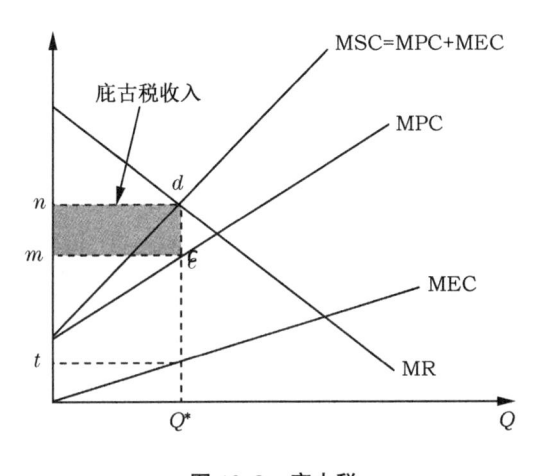

图 12.3　庇古税

12.2.2　排污费

庇古税的特点是对产品进行征税，每单位产品不管污染排放多少，要缴纳的税是不变的，企业没有激励进行技术创新减少单位产量的污染排放。要激励企业进行技术创新，减少每单位产品的污染物，需要改变征税对象。如果污染排放量是可以度量的，那么对污染物排放量 e 进行征税或收费就是一种更为有效的环境保护政策。此时，政府需要度量污染物排放的边际外部成本（$MEC(e)$）与对企业的边际私人价值（$MPR(e)=MR-MPC$）。当两者相等时，排污

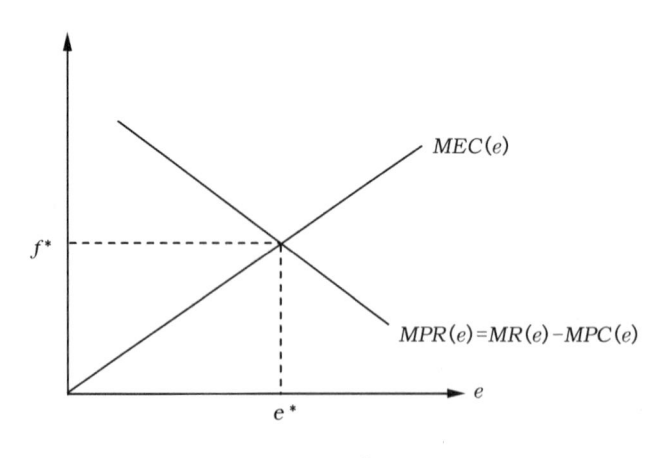

量达到社会最优水平 e^*，相应的最优排污费为：$f^* = MPR(e^*) = MEC(e^*)$。

图 12.4 排污费

12.2.3 排污权交易制度

当中国宣布碳减排目标时，有一个明确的碳排放量的控制目标值，我们如何执行这一目标？此时，价格管制政策在排放量控制中存在不确定性，排放量控制更有利于控制排放总量。但是，如何将有限的排放指标分配给不同的企业，从上面的讨论中，我们知道有效的配置应该满足所有企业排放的边际收益相等或减排的边际成本相等。

在政府不知道企业的排污边际收益的情况下，排放量管制政策下如何实现有效配置？排放权交易制度由此产生，在该制度下，所有企业从政府可以得到一定数额的排放许可，比如张三和王五都从政府拿到 50 单位的排污许可。然后，企业可以在排污权交易市场上自由交易排放许可，并形成相应排放许可的价格。此时，排放许可就相当于市场价格为 p 的投入品，每家企业会根据排污许可的价格来决定是买入还是卖出许可。比如：张三手中有 50 单位许可，如果市场价格为 p，第 50 单位排放的边际收益 MR 如果低于 p，那么就应该出售该单位的排放许可；否则就应该买入许可，所以企业利润最大化选择满足 $MR_张 = p$。类似地，王五优化决策的结果也会有 $MR_王 = p$。在同一个许可交易市场均衡中就会有：$MR_张 = MR_王 = p$，实现许可证的有效配置。所以，数量管制结合许可交易市场同样能够实现排污费下的有效配置。

12.2.4　政策比较:排污费与排污许可交易制度

排污费和排污许可交易制度都可以实现有效配置。假设在初始环境下,排污费 $f=50$ 元的水平下,企业的排放量正好是 100 单位;在 100 单位排放许可总量下的市场价格相应地也为 $p=50$。在一个确定的环境中两者确实可以实现相同的排放控制目标。但在实践中由于存在不确定性、环境的变化等因素,两种制度还是存在明显的差异。

成本变化:减排成本或排污的边际收益随时间会发生变化,会因为需求增加而提高,也可能因为技术优化而下降。在给定排污费水平,当排放的边际收益增加时,由于排污的边际成本(排污费)是保持不变的,所以,企业的排污量会提高。相反,如果在排放许可交易制度下,污染物排放总额是固定的,如果有的企业排放的边际收益提高,那么它就会从市场以更高的价格购入排放许,从而在企业之间重新调整排放许可的分配,使得新的均衡价格下所有企业排放的边际收益相等。所以,排污费固化了企业排放的边际成本,但是企业污染排放量则会随经济环境变化而变化。而排放许可交易制度则是限制了排放总量,排放许可价格,即企业排放的成本会随着经济环境的变化而调整。而且,在排放许可证制度下,政府可以通过出售或回收排放许可来调节市场价格,以便应对经济环境变化对企业产生的冲击。相对而言调整排污费的程序要更为复杂,调整周期更长。

通货膨胀:假设经济出现了通货膨胀,如果排污费没有根据每年的通货膨胀率进行调整,即名义排污费不变,那么实际排污费水平是在下降,也就是说张三和王五的实际的排污成本下降了,那么他们的排放量就会提高。相反,实行排放许可交易制度,排放量是固定的,不会因为通货膨胀而变化,排放许可的市场价格会随着通货膨胀的进行及时调整,企业根据自身情况做相应的优化。当然,在排污费制度下,如果政府每年根据通货膨胀情况调整排污费,那么可以实现同样的目标。但是,排放许可交易制度下政府不需要采取这种行政干预,就可以自动实现。而且,在实际中,通货膨胀对不同商品的价格影响是存在差异的,所以对企业的成本影响也是不一致的,政府在调整排污费水平时存在信息和测度的困难。

收入分配影响：排污费制度下企业根据自己的排污量缴纳费用，政府获得一笔收入。在排污许可交易制度下，如果政府直接免费发放排放许可，政府就不能获得任何收入，但是，如果在初始市场上以一定的价格出售给企业，然后企业再在二级市场进行交易，那么政府可以获得一笔收入。

当然，从政策执行成本角度看，排污费更为简单，只要每年根据企业的排放量进行收费进行。而排放许可证制度除了要对企业排放量进行监控外，还需要建立和运行相应的排放许可的二级市场，这个市场的运行成本是额外产生的。

12.3 社会与市场：市场竞争会侵蚀企业社会责任吗？

外部性问题的解决思路基本逻辑是将外部性内部化，通过明晰产权，建立外部性市场，从而将对他人产生的影响通过价格内化为排污者成本，排污费则通过政府的干预直接将外部成本内化为企业的生产成本。更为直接的方式就是将张三和李四合并，从而成为一家企业。不同的解决方案都有其局限性与使用范围。比如市场机制要求产权清晰，而且得到有效的保护，谈判成本比较低等。而政府干预则要求政府能够度量每家企业的排污量，对信息要求比较高，而且存在一定的执行成本。

上述机制的讨论中，我们始终假设个人都是自利的，但是作为社会的一员，许多社会规范能够促使个人主动考虑对他人的影响，将对别人的影响放到自己的理性决策中。比如利他倾向、互利倾向、奉献意识等等，而且我们从小就接受关于举止文明以及绿色环保的教育，通过一系列的教育，每个人或多或少形成了一定的社会责任意识。那么这种社会责任意识能否驱动企业去履行社会责任，控制污染物的排放？市场上，许多企业可能会抱怨现在市场竞争太激烈，减排会提高企业成本导致企业无利可图从而破产，那么市场竞争是否会侵蚀企业的社会责任的履行？

12.3.1 实验设计：市场竞争是否会侵蚀企业的社会责任

现实中，各种因素相互作用，交织在一起，要严谨地回答这些问题，就要控制住诸多因素。巴特林、韦伯和姚澜(Bartling，Weber and Yao，2015)[①]通过实验方法分析了市场竞争对企业社会责任履行的影响。在该实验中，企业要决定用清洁技术还是用污染技术生产产品，清洁技术生产成本为10，高污染技术生产成本设为0；对消费者而言，不管用什么技术生产的产品价值都是50，即生产技术的选择不影响消费者对产品的评价。但是，高污染技术会对第三方产生-60的损失，就如现实生活中的污染等，如果是清洁技术，那么第三方的利益不会受生产活动的影响(具体参数见表12.1)。

表 12.1　　　　　　　　　　　清洁技术与高污染技术

	清洁技术	高污染技术
生产成本(C)	10	0
消费者评价(V)	50	50
外部性	0	-60
交易剩余	40	50
社会剩余	40	-10

如果单从产品的买卖双方来讲，高污染技术创造的交易剩余要大于清洁技术，但从社会(生产者、消费者和第三方)的角度来看，清洁技术创造的价值(40)高于污染技术创造的价值(-10)，所以，从社会最优的视角看，希望企业选择清洁技术。但是，在一个没有政府监管的环境中，企业是否会选择清洁技术？企业的选择受到哪些因素的影响？市场竞争是否会导致更多的企业选择污染技术？

巴特林等(2015)首先进行了一系列实验，其中基准实验中设计如下：

(1)实验中有三种角色：企业、消费者和第三方，参加每一轮实验时，每一个参与者都会获得100单位的初始财富；

(2)6家企业，首先决定生产技术和销售价格(P)，每家企业只生产一单位产品，如果他的产品被购买，那么，选择清洁技术时的利润＝P-10，选择污染技术时的利润＝P；

[①] Bartling, Bjorn, Roberto Weber and Yao Lan, 2015, "Do Markets erode social responsibility?" Quarterly Journal of Economics, Vol. 130, No. 1, pp. 219-266.

(3)5个消费者：随机、序贯进入市场，可以自动看到所有产品的价格和技术信息，但不知道生产者身份信息，消费者要决定购买哪家企业的产品，并支付相应的价格P，每个消费者只消费一单位产品；消费者的收益就是：50－P。

第二阶段结束后会达成5笔交易。

(4)5个第三方，随机匹配到其中一个交易，如果匹配到一个清洁技术的交易，那么就没有损失，带着100单位结束这一轮实验；如果匹配到一个污染技术的交易，那么就会损失60，带着剩下的40单位结束这一轮实验；

整个实验中都保持匿名，相互不知道其他人的身份信息，同时，实验中没有政府监管，也就是说企业选择的污染技术不会受到第三方的处罚，别人也不知道谁造成这种损失。每一轮实验结束后，再次随机分组和分配角色进行下一轮实验。

12.3.2 企业的技术选择：社会责任的履行

思考题：你预测企业会选择哪种技术？为什么？

图12.5中的黑色实线表示了不同轮次实验中选择清洁技术的生产者的比例。在基准实验A中，是6家企业竞争5个消费者，消费者在选择时可以同时看到价格和技术信息，我们看到一个基本实验结果：

实验结果1：实验A中选择清洁技术的企业比例保持在50%左右

为什么有这么高比例的企业会选择清洁技术呢？

解释一：企业家对第三方利益的关心。即企业家的社会责任感，推动企业主动承担起保护环境的责任。不可否认现实中这是一种很重要的因素，但是，如果消费者不在意企业是否选择了清洁技术，而是根据价格高低选择购买哪家企业的产品（因为不同技术生产的产品质量相同），不愿意接受高价的清洁技术产品，那么在市场价格竞争下，选择清洁技术的企业由于明显的成本劣势，很难生存下来。也就是说，没有消费者对清洁技术企业的支持，即愿意支付溢价购买清洁技术产品，那么，企业选择清洁技术无法为企业提供竞争优势，反而是一种成本。

解释二：企业预期到部分消费者在意对第三方利益的影响，会支持清洁技

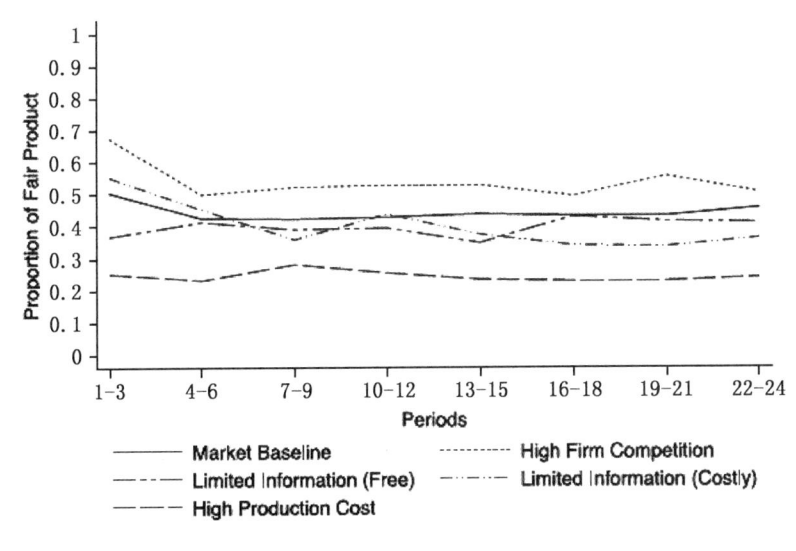

图 12.5　选择清洁技术的企业比例

来源：巴特林等，2015。

术产品，他们甚至会愿意为清洁技术产品支付更高的价格，从而使得选择清洁技术的企业能够在市场竞争中获得竞争优势，支持企业持续选择清洁技术。

12.3.3　消费者的社会责任意识

消费者是否为清洁技术支付溢价呢？

图 12.6 反映了在不同实验中消费者为清洁技术支付的溢价。在基准实验 A 中，消费者为清洁技术产品 10 单位成本分担了将近 4—6 元。尽管，这种分担并没有解决清洁技术生产企业的成本劣势，但关键在于这些消费者在意企业选择了什么技术，在供过于求的市场竞争中，这部分消费者的存在使得选择清洁技术的企业可以获得订单，使他们具有了独特的竞争优势。此时履行社会责任不再是一种负担，而是能够创造企业价值的一种竞争战略。

信息成本与消费者选择

为了检验信息对消费者与企业选择的影响，巴特林等（2015）同时还进行另外两组实验。

实验 B（Limited Information（Free））：消费者进行购买决策时，一开始只看到价格信息，技术信息需要消费者点击才能看到（不会收费）；其他与实验 A

相同。

实验 C(Limited Information(Costly)):消费者进行购买决策时,一开始只看到价格信息,技术信息需要消费者支付一定的费用才能点击看到;其他与实验 A 相同。

实验结果 2:只要消费者能够获得技术信息,获取信息的成本变化对选择清洁技术的企业比例没有显著影响(见图 12.5)

这一结果说明,确实存在一些消费者在意企业是否履行社会责任,微小的获取技术信息的成本对他们的选择没有影响。反之,如果没有任何技术信息,那么就会陷入逆向选择困境,清洁技术产品无法将自己的社会价值转变为企业价值,从而成为企业竞争的负担,最终在市场竞争压力下被淘汰。所以,信息披露是充分发挥消费者力量的一种非常重要的前提条件。

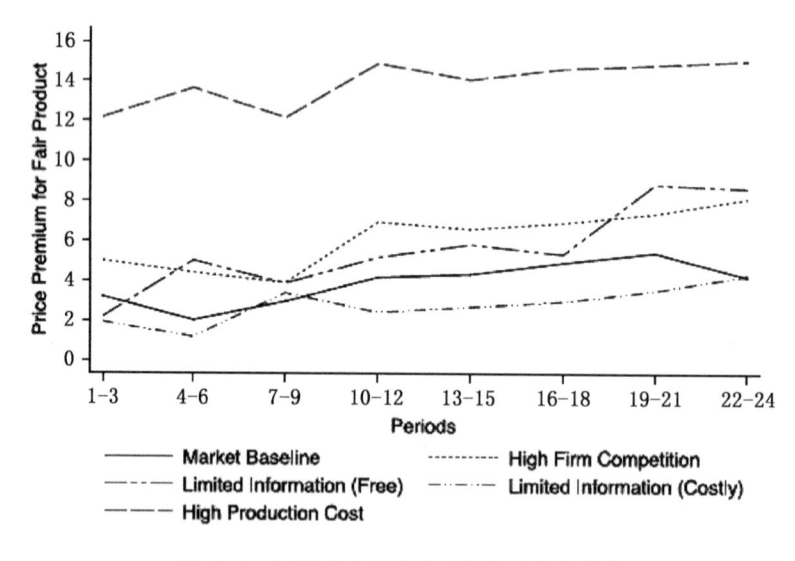

图 12.6　消费者为清洁技术产品支付的溢价

来源:巴特林等,2015。

12.3.4　市场竞争与企业社会责任

为了检验市场竞争程度对企业选择的影响,巴特林等(2015)同时还进行对照实验 D。

实验 D:(High Firm Competition):生产者数量增加到 10 家,企业之间的竞争加剧；其他与实验 A 相同。

实验结果 3：加剧竞争导致选择清洁技术的企业比例上升(见图 12.5)

这一结果进一步验证了我们关于消费者的社会责任意识赋予清洁技术企业竞争优势的论断。市场竞争越激烈，履行社会责任企业越需要通过履行社会责任实现产品差异化，获得社会责任意识比较强的消费者。这种通过履行社会责任形成的竞争优势越强，能够引导更多企业选择清洁技术。

那么，什么因素会抑制企业履行社会责任。实验发现，如果清洁技术的生产成本从 10 单位提高到 30 单位，那么，选择清洁技术的企业比例显著下降。这一点说明，履行社会责任的成本过高会抑制消费者对企业社会责任的支持，也会降低企业履行社会责任给企业带来的竞争优势。

巴特林等(2015)的实验研究充分揭示了社会—市场—政府相互协同对企业社会责任履行的支撑作用。

- 社会：社会规范培育消费者的社会责任意识，使一部分消费者关心生态、环境保护，关心对其他社会成员的利益，愿意牺牲部分自身利益来保护他人的利益不受侵害。
- 市场：通过市场的竞争与市场价格，将消费者对社会责任行为的支持转变为企业的竞争优势，成为企业利润的来源，从而使得企业持续履行社会责任。
- 政府：实验中虽然没有直接考虑政府因素，但在现实中，政府一方面要维护市场公平竞争环境，确保市场有效运行，另一方面，可以通过下述方式推进全社会履行社会责任：

第一，倡导和培育社会成员的社会责任意识。

第二，通过立法等途径将部分污染行为纳入政府监管范围，并通过税费以及建立排放权市场等途径促使企业减少污染排放；

第三，信息披露，能够让消费者以较低成本了解企业是否履行了社会责任，了解企业的污染给社会带来了怎样的损失，这样消费者有机会去支持履行社会责任的企业，并在个人利益和社会责任之间的权衡下给予力所能及的支持。

第四，政府尽可能降低履行社会责任的成本，比如对绿色技术予以补贴等。

通过合理处理社会、市场与政府的边界，可以充分发挥社会与市场在资源配置中的基础性作用，发挥政府的引领与支撑性作用，激发社会、市场与政府的协同效应,提高社会合作效率,促进资源的有效配置,从而有效推进中国式现代化建设。

本章要点

- 外部性是个体行为通过市场价格以外的方式给其他人直接带来的成本或收益;
- 没有明确个人产权的公共资源会因为个体忽略对他人的外部性而导致过度使用,造成公共地悲剧;
- 科斯定理指出明确私人产权的情况下,如果交易成本不高,那么个体之间的谈判能够解决外部性问题;
- 政府通过征收庇古税能够将具有外部性的个体行为调整到社会最优水平;
- 排污费也能够实现同庇古税类似的效果,但是能够激励个体减少商品生产的单位污染排放;
- 政策制定受到有限信息的约束,可交易的排污许可制度通过市场机制实现排污量的最优配置;
- 消费者的社会责任意识通过市场机制能够持久推动企业控制外部性,实现企业利润追求与社会责任履行的统一。

案例思考

12.1 政府为什么进行大规模的教育投入?

教育支出在2022年全国财政支出中占15.07%,那么政府介入教育的原因是什么?教育是公共品吗?教育会产生哪些正外部性?不同层级的教育外部性存在哪些差异?

12.2 石油进口与外部性

当前,我国70%以上的石油依靠进口,许多观察者指出,这种高度依赖进口石油的局面使得中国外交政策一定程度上受制于世界主要石油出口国。

(1)请解释为什么这种情形中存在外部性;

(2)请设计庇古税来解决这种外部性;

(3)为了限制国内燃油的消费,如果有人建议"可交易汽油使用权"制度,你觉得可以怎么来设计?

12.3 浮动停车费

某个城市中心停车场实行浮动停车费制度,停车费根据停车位占有率来调整,每次上升或下降1元,停车位占有率在65%—85%之间,停车费保持稳定,一般在3元到15元/小时之间波动,最高涨到过30元/小时。你预期该政策会对司机的行为和经济效率产生怎样的影响?

12.4 烂苹果"免费"进纽约学校

美国《纽约邮报》10日报道称,美国农业部和纽约州综合服务办公室代表将前往纽约州评估农产品的数量和质量,对"荒谬的苹果浪费"现象展开调查。综合该媒体此前披露的信息,作为联邦政府和纽约州政府合作的一部分纽约市教育局食品服务经理于今年3月与纽约市能源部食品和营养服务办公室(OFNS)签了一份价值550万美元的苹果订单。费用由联邦政府支付,包含近27.9万箱苹果。因数量过大,学校和食品经销商被源源不断的"免费"苹果货源"压得喘不过气",有些苹果送到时已变质,有些则无人食用,任其腐烂。但在此情况下,OFNS依然建议其分销商接受这些苹果。学校餐饮内部人士表示,这项巨额订单的苹果数量超过了学校3年的用量,导致学校学生每天只能吃苹果,如果学生不想吃,苹果就会被直接丢进垃圾箱。尽管经销商、管理人员和厨师警告学校无法处理大量的苹果,会导致巨大浪费,OFNS仍决定继续推进落地该订单,因为官员们将其视为"免费的钱"。(摘自《环球时报》2023年8月12日)

请结合课程所讲知识回答以下问题:

(1)为什么会出现超过需求量的苹果送往学校?

(2)为什么OFNS官员认为这些苹果是"免费的"?如何解释这种现象的产生?

(3)当订购的苹果出现过剩时,你有什么建议来处理这些过剩的"免费苹果"?为什么当地政府官员没有采取这些措施?

参考文献

Bartling, Bjorn, Roberto Weber and Yao Lan (2015), "Do Markets erode social responsibility?" *Quarterly Journal of Economics*, Vol. 130, pp. 219—266.

Camerer, Colin and Richard H. Thaler (1995), "Anomalies: Ultimatums, Dictators and Manners", *The Journal of Economic Perspectives*, Vol. 9, pp. 209—219.

Ebenstein, Avraham (2012), "The Consequences of Industrialization: Evidence from Water Pollution and Digestive Cancers in China", *Review of Economics and Statistics*, Vol. 94, pp. 186 - 201.

Ellsberg, D. (1961), "Risk, Ambiguity and the Savage Axioms," *Quaterly Journal of Economics*, Vol. 75, pp. 643—669.

Fehr E., and K. M Schmidt(1999), "A Theory of Fairness, Competition, and Cooperation", *Quarterly Journal of Economics*, vol. 114, pp. 817—68.

Fehr, Ernst and Simon Gächter (2000), "Cooperation and punishment in public goods experiments", *American Economic Review*, Vol. 90, pp. 980—994.

Gneezy, U., and A. Rustichini (2000) "A Fine is a Price," *The Journal of Legal Studies*, Vol. 29, pp. 1—17.

Guth, W, R. Schmittberger and B. Schwartz, 1982, "An Experimental Analysis of Ultimatum Bargaining", *Journal of Economic Behavior and Organization*, 1982, Vol. 3, pp. 367—88.

Hardin, G. (1968), "The Tragedy of the Commons", Science, Vol. 162, pp. 1243—1248.

Holmstrom, B. and P. Milgrom, 1991, "Multitask Principal Agent Analysis: Incentive Contract, Asset Ownership and Job Design", Journal of Law, Economics and Organization, Vol. 7, pp. 24—52.

Kahneman, D., J. Knetsch and R. H. Thaler (1986), " Fairness as a Constraint on

Profit Seeking: Entitlements in the Market," *American Economic Review*, Vol. 76, pp. 728—741.

Kahnemann, D. and A. Tversky (1979), "Prospect Theory: An Analysis of Decisions under Risk", *Econometrica*, Vol. 47, pp. 263—291.

Nagin, D., J. Rebitzer, S. Sanders, and L. Taylor (2003), "Monitoring, Motivation and Management: Opportunistic Behavior in a Field Experiment," *American Economic Review*, Vol. 92, pp. 850—870.

Spence, Michael (1973), "Job Market Signaling", *The Quarterly Journal of Economics*, Vol. 87, pp. 355—374.

Spence, Michael and Richard Zeckhauser (1971), "Insurance, Information, and Individual Action", *The American Economic Review*, Vol. 61, pp. 380—387.

Stiglitz, J. and A. Weiss (1981), "Credit Rationing in Markets with Imperfect Information", *The American Economic Review*, Vol. 71, pp. 393—410.

阿维纳什·迪克西特和苏珊·斯克丝著:《策略博弈》,2009年版。

阿维纳什·迪克西特著:《策略思维》,中国人民大学出版社,2013年版。

安德鲁·马斯—克莱尔,迈克尔·温斯顿和杰里·格林著:《微观经济理论》,中国人民大学出版社,2024年版。

拜瑞·内勤巴夫和亚当·布兰登伯格著:《合作与竞争》,安徽人民出版社,2000年版。

戴维·贝赞可、戴维·德雷若夫、马克·尚利和斯科特·谢弗著:《战略经济学》,中国人民大学出版社,2015年版。

戴维·克雷普斯著:《管理者微观经济学》,中国人民大学出版社,2006年版。

丹尼尔·卡尼曼著:《思考,快与慢》,中信出版社,2012年版。

道格拉斯·诺斯著:《经济史中的结构与变迁》,上海人民出版社,1993年版。

傅勇和张晏著:《中国式分权与财政支出结构偏向:为增长而竞争的代价》,《管理世界》2007年第3期。

高华平译注:《韩非子》,中华书局,2015年版。

蒋星煜主编《元曲鉴赏辞典》,上海辞书出版社,2022年版。

杰奥夫雷·帕克、马歇尔·埃尔斯泰恩和桑斯特·邱达利著:《平台革命》,机械工业出版社,2018年版。

金池主编:《论语新译》人民日报出版社,2005年版。

柯伦柏著:《拍卖理论与实践》,中国人民大学出版社,2006年版。

李波译注:《荀子》,上海古籍出版社,2016年版。

李瑾著:《<孟子>释义》,中国青年出版社,2021年版。

理查德·麦肯齐和德怀特·李著:《MBA微观经济学》,中国人民大学出版社,2010年。

缪文远,缪伟和罗永莲译注:《战国策》,中华书局,2015年版。

刘向(西汉)著:《战国策》,中华书局,2024年版。

刘晓庆著《X商业银行小微金融业务数字化转型策略研究》,上海财经大学硕士论文,2024年。

罗贯中著:《三国演义》,内蒙古人民出版社,2000年版。

让·拉丰和大卫·马赫蒂莫著:《激励理论:委托一代理模型》,中国人民大学出版社,2002年版。

史蒂文·泰迪里斯著:《博弈论导论》,中国人民大学出版社,2015年。

司马迁(西汉)著:《史记》,岳麓书社,1988年版。

王凯著:《老子<道德经>释解》,人民出版社,2012年版。

吴敬琏著:《当代中国经济改革教程》,上海远东出版社,2010年。

习近平著:《习近平谈治国理政·第二卷》,外文出版社,2022年版。

习近平著:《习近平谈治国理政·第三卷》,外文出版社,2022年版。

习近平著:《习近平谈治国理政·第四卷》,外文出版社,2022年版。

习近平著:《习近平谈治国理政·第一卷》,外文出版社,2022年版。

夏纪军主编:《博弈论课程思政案例精选》,上海财经大学出版社,2023年版。

夏纪军著:《公平与集体行动的逻辑》,格致出版社,2013年版。

谢浩范和朱迎平著:《管子今译》,贵州人民出版社,2009年版。

荀子著:《荀子》,中华书局,2011年版。

亚当·斯密著:《国富论》,商务出版社,2023年版。

俞平伯著:《唐诗鉴赏辞典》,上海辞书出版社,2013年版。

詹姆斯·米勒著:《活学活用博弈论》,中国财政出版社,2006年版。

张军著:《改变中国:经济学家的改革记述》,上海人民出版社,2019年版。

张维迎著:《博弈与社会讲义》,格致出版社,2023年版。

张晏著:《财政分权、FDI竞争与地方政府行为》,《世界经济文汇》,2007年第4期。

周黎安著:《晋升博弈中政府官员的激励与合作——兼论我国地方保护主义和重复建设问题长期存在的原因》,《经济研究》,2004第6期。

诸世昌著:《周易解读》,黑龙江出版社,2009年版。